设计学系列成果专著

任文东　主编

满族服饰发展传承与文化创意产业研究

RESEARCH ON THE MANCHU COSTUME DEVELOPMENT AND INHERITANCE AND THE CULTURAL CREATIVE INDUSTRY

曾慧　著

中国纺织出版社有限公司

总序
FOREWORD

当今时代是全球科学技术、文化艺术快速发展的重要历史时期，也是艺术设计发展取得突破性成就的黄金时代。随着计算机信息技术的迅猛发展，人类社会逐步开启了全新的世界观及生活观，前沿科技彻底颠覆了工业社会时代设计哲学指导的设计范围、设计内容、设计意义。当今设计所面临的是一个多元交叉、领域交融、机遇与挑战并存的新时代，探索设计与设计教育的新理念、研究未来设计学科发展的新范式在当下具有非常重要和切实的意义。

一个新学科的兴起预示着更多学科的交叉与融合。这种融合不仅发生在不同国家不同文化上，还发生在新的技术与科学的加入上，所以多元化学科交叉与融合将是艺术设计未来的发展趋势。任何学科都需要有创新力，设计更是如此。设计学本身作为一种交叉学科，它推动了各类社会学科的创新发展。而作为一个新时代的设计学生，他们需要拓宽视野，探索涉猎学科的深度与广度，掌握新技术与新媒介的应用手段，才能够成为符合新时代背景的合格的设计师。

设计的目的是服务于人，也是实现人类追求美好生活的重要手段。设计的特征是集成创新，设计的目标是以需求为导向的转化应用。设计教育只有实施多向度的跨界、知识的交融、资源的整合、创新的集成、科学的评价，才能培养出能统筹多元知识、满足社会需求的合格的创新设计人才。

本套丛书是基于设计学学科的前期积累，综合了设计创新思维与方法、智能服装设计与教育、民族服饰与文化产业、民国图像与服饰历史、网络游戏与数字媒体、宜居城市广场群时空分布特征等研究成果，从多维度、多角度进行宏观与微观、传统与现代的多层面研究，努力丰富设计学学科的内容，拓宽学科视野。愿丛书的出版对设计学学科的发展起到积极的推动作用，与此同时，为高层次设计人才的培养以及设计教育范式转型与构建增添更多的理论支撑。

感谢所有作者同事们的大力支持。错漏之处在所难免，敬请各位同行及广大读者批评指正！

任文东

2020 年 8 月

前言
PREFACE

　　中国自古以来就是一个多民族的国家，中国历史上曾出现汉民族和少数民族交替执掌政权的情况。服饰是人类生活中不可缺少的一部分，是构成人类生活资料的重要因素，是人类区别于其他动物的重要标志之一；服饰是民族构成要素之一，是区别民族的标记之一，是一个民族物化了的精神产品；服饰是走动的文化，其自产生起不仅具备了御寒遮羞的实用和伦理功能，还是人类劳动成果的物化形式，更是人类精神成果的表现。服饰具备了文化的符号功能，反映着人类某一历史时期的民俗风情、审美观念以及大众心理等社会的方方面面。在历史发展进程中，服饰作为民族和朝代的符号肩负着重要的作用和意义。

　　服饰是人类文化的重要组成部分，是认识和了解一个民族、一个国家的精神文明的重要途径。服饰首先是一种有形的器物，人类服饰材料的每一次变革都是物质生产进步的结果。从兽皮树叶到麻、绢、丝、绸，从天然植物纤维到化学合成纤维，都标志着人类生产力的大变革。当代服饰的丰富多彩和各民族服饰的交流与趋同，正是人类社会经济政治发展的多元化、国际交流的频繁趋势所决定的。服饰总是一个民族在一定时代的文化表现，反映那一时代和民族的特定风貌。服饰作为一种符号或是一种无声的语言，是植根于特定时代文化模式中社会化活动的一种表现形式，只有在实践中不断运用和丰富它，才能使其具备丰富的内涵和长久的生命力。对于历史和传统社会留下来的文化资源，在现代社会需要在功能以及作用等方面进行更新改造，如果还是捧着原来的遗产一成不变，那就很难生存。如何将老祖宗留下的宝贵遗产与现代时尚社会、人们的审美心理相结合；如何在挖掘、保护、融合后创新，变成文化创意产品，是服饰文化产业面临的最主要问题。在当下中国，民众对传统文化的认知程度和接受程度上大有潜力可挖，关键是如何将这种潜力转化成市场竞争力和消费力，如何将传统服饰打造成现代品牌。本研究试图从人类学、民族学的角度出发，探究民族服饰文化创意产品及其产业在当下社会可以长久生存的路径，为政府和市场提供理论支撑。

本书能够出版，要特别感谢大连工业大学各级领导的大力支持、相关部门的积极配合，感谢中国纺织出版社在出版过程中自始至终给予的全力相助。

这部著作中所采用的图片主要来源于常沙娜的《中国织绣服饰全集》、黄能馥、陈娟娟的《中国历代服饰艺术》，张琼的《清代宫廷服饰》，朱诚如的《清史图典》，包铭新的《近代中国女装实录》，"国立"故宫博物院编辑委员会的《清代服饰展览图录》，王智敏的《龙袍》，陈高华的《中国服饰通史》等，在此对他们表示衷心的感谢！

在撰写、修改书稿时，前辈和专家的成果是非常重要的参考内容，特别感谢在本书中所采用的文字资料与图片资料的专著作者，由衷感谢！特别感谢在我做田野调查时给予我帮助的朋友们！特别感谢一直以来在学术道路上引领我成长、成熟起来的导师、前辈、专家、朋友以及我的学生们！感谢我的家人一如既往地支持着我！写此文之时也是老父亲离开我三周年之际，谨以此书告慰父亲。

因时间仓促，书中难免有不足之处，请各位专家、同仁多多指正。

曾 慧

2020 年 11 月 1 日

于大连 · 美辰臻品家中

目录
CONTENTS

第三章
满族服装与佩饰 ································· 063

第四章
满族服饰变迁体现的文化自觉 ⋯⋯⋯⋯⋯⋯⋯⋯ 141

第五章
民族服饰文化创意产业发展的机遇、挑战与策略研究 ⋯⋯⋯⋯⋯ 157

CHAPTER

01

第一章　满族的发展历程

第一节
满族的形成

　　满族是我国多民族大家庭中的一员，在长期发展过程中，满族对祖国各方面的发展起到了重要作用。在统一多民族国家的形成、奠定当代中国的版图、抗拒外来的侵略、维护祖国统一诸方面都曾做出了重大贡献。满族人民勤劳勇敢，富于进取精神，勇于摒弃陋习，积极向其他民族学习，奋发、宽容、大气、开放，是一个既古老又崭新、充满勃勃生机与活力的民族。

　　满族在天聪九年（1635 年）有满洲之称谓，它是以明代建州女真人为核心形成发展的民族。但是满族有着悠久的历史，追根溯源，可上溯到三千年前的肃慎人。先秦古籍中所记载的生活在商周时期的肃慎人（公元前 16 世纪—公元前 3 世纪），是可以追溯的满族先人。汉代以后，不同朝代的史书上分别记载的挹娄（汉、三国、晋）、勿吉（南北朝）、靺鞨（隋、唐）、女真（辽、宋、元，明），也与满族的来源有关。"满洲"作为民族自称最早出现于 1635年 11 月 22 日。在这一年，清太宗皇太极公布了一个重要的诏令："我国原有满洲、哈达、乌喇、叶赫、辉发等名，向者无知之人，往往称为诸申。夫诸申之号，乃席北超墨尔根之裔，实与我国无涉。我国建号'满洲'，统绪绵远，相传奕世。自今以后，一切人等，止称我国满洲原名，不得仍前妄称。"[1]清高宗云："金之先出靺鞨部，古肃慎地。我朝肇兴时，旧称满珠，所属曰珠申，后改称满珠。而汉字相沿，讹为满洲，其实即古肃慎为珠申之转音。"[2]中华人民共和国成立后，经过民族识别确定的族名为满族，是我国 56 个民族之一。

---

[1] 佚名. 清太宗二太宗文皇帝实录：卷 25[M]. 北京：中华书局影印本,1985:330-331.
[2] 阿桂，于敏中，等. 钦定满洲源流考：二十卷 [M]. 清乾隆四十三年内府刻本.

第二节
满族的发展

在皇太极定族名"满洲"后的第二年，即 1636 年 5 月 15 日，又定国号为"大清"，"大清"出现之后，满族的政治、经济、文化也进入了一个高速发展的时期。1644 年（顺治元年），八旗大军攻占北京，一个以满族贵族为主体的新政权成为全国性的统治中心，揭开了中国历史新的一页。满族成为统治民族之后，在经济、政治、思想文化方面既实行了一系列巩固政权的措施，也追随时代变迁发生了文化裂变。从清朝建立直至灭亡的 268 年历史中我们能够看到，满族经历了由兴盛到衰落的过程，这也是中国封建社会末期的前景。辛亥革命后，满族的政治、经济地位发生了重大变化。在抗日战争和解放战争中，满族人民同全国各族人民一道为抗日战争的胜利和新中国的建立贡献了巨大的力量，经历了一个从处境困难到逐渐恢复民族自信心的过程。

自 19 世纪 80 年代以来，在满族聚居地先后成立了 13 个满族自治县：辽宁省的新宾满族自治县（1985 年成立）、岫岩满族自治县（1985 年成立）、凤城满族自治县（1985 年成立，1994 年撤县建市为凤城市）、本溪满族自治县（1989 年成立）、宽甸满族自治县（1989 年成立）、清原满族自治县（1989 年成立）、北镇满族自治县（1989 年成立，1994 年撤县建市为北宁市，2006 年改为北镇市）、桓仁满族自治县（1989 年成立）；河北省的丰宁满族自治县（1986 年成立）、青龙满族自治县（1986 年成立）、宽城满族自治县（1989 年成立）、围场满族蒙古族自治县（1989 年成立）；吉林的伊通满族自治县（1988 年成立）。满族人口也在逐渐增加，由 1953 年第一次人口普查时的 270 万人至增加至 2010 年第六次人口普查时的 1038 万人，成为人口数量仅次于汉族、壮族、回族的少数民族。目前满族主要分布在辽宁、河北、吉林、黑龙江、内蒙古、北京、天津、河南、山东、广东、上海、宁夏等省、市、自治区，其与汉族杂居，并和全国各族人民一起进入了一个崭新的历史发展阶段。

Chapter 02

第二章　满族服饰的色彩、图案及织染、刺绣工艺

　　色彩是构成服装的重要元素之一，一个民族的历史、文化、政治、经济、民俗的发展都会对色彩的产生和运用有重要的影响，并形成一定的特点和规律。罗丹在《艺术论》中写道：“色彩的总体要表明一种意义，没有这种意义就一无美处。”满族服饰在不同时期的社会背景下承载着千差万别的信息，服饰色彩经历了长期的演变形成了意蕴深厚的文化形态，满族服饰色彩的变化真实反映了满族服饰的形成、发展和变迁。满族先祖时期（肃慎、挹娄、勿吉、靺鞨、女真时期）的服饰色彩主要以大自然的色彩为主，一是因为受到生产力水平的限制，织染工艺没有达到较高的水平；二是因为满族先祖生活在东北的白山黑水间，主要是以游猎生活为主，因此色彩大多是以自然色为主，如白色、土黄色、棕色等色彩，起到保护自己、麻痹动物的作用。到了清朝时期，满族服饰的色彩发生了变化，尤其在 1644 年入关后，渐渐远离了原来的生产生活环境，又受到中原汉族的文化影响以及蒙古族等其他少数民族的影响。丰富的色彩主要体现在满族贵族服饰上，其内涵更加丰富，等级性也更加明显。民国时期和新中国成立以后，服饰色彩随之回归大众，直至现当代，满族服饰的色彩与其他民族服饰一样，自由运用，丰富多彩，绚丽非凡。

第一节
满族服饰色彩

一、满族先祖服饰色彩

满族先祖在肃慎、挹娄、勿吉、靺鞨时期，由于生产力低下，服装只能从动物身上获得，如多以动物的皮毛来防寒保暖，服装面料的最初色彩便是由此获得。随着生产力不断提高，纺织技术也有了进一步的发展，人们开始用植物的纤维纺线，制成布帛后做成衣服，或者以植物的汁液将面料染色，使面料看起来更加美观。这一时期的色彩主要来源于动物皮毛和植物的纤维或汁液，充分体现出人类思想的进步及利用环境色保护自己的聪明才智。辽女真时期，色彩仍以白色、青色、褐色为主。金代女真时期，根据《金史·熙宗本纪》记载：天眷三年（1140年）定冠服之制，上至皇帝的冕服、朝服，皇后的冠服，下至百官的朝服等，都做了详细的规定，百官参加朝会，依据品级分别穿紫、绯、绿三种色彩的服装。金代百姓喜好白色服饰，文献记载"金俗好衣白"，"其衣色多白"。金代妇女上衣团衫的颜色大多用黑紫色、黑色或者绀诸色。女真族属

于游猎民族，以狩猎为主，穿着与周围环境相同或相近颜
色的服饰以起到保护作用，这与女真族的生活习俗有关。
金代女真服饰色彩采用的环境色——白色和褐色，反映了
女真族的生活环境、经济从业和生活方式。在阿城齐国墓
中出土的男女服装中，则以褐色居多（图2-1、图2-2）。

图2-1 褐地金锦棉袍展开图

图2-2 夹袜❶

---

❶ 陈高华. 中国服饰通史 [M]. 宁波 : 宁波出版社 ,2002:53.

元朝建立后，女真族由统治民族转变为元朝统治下的东北民族之一，由于元代史书中关于女真族的记载较少，有些现象只能根据金代女真人的记载进行推断。按照文化变迁传承的规律来看，随着生产力的提高与民族间融合交流的增多，元代女真人应用了更加丰富、鲜艳明亮的色彩，如红、黄、绿、褐、玫红、紫、金等。从服饰色彩的发展历程可以看出，满族先祖时期的色彩既会留着自然环境的痕迹，也包含未来风格的萌芽，服饰色彩由原始的动物皮毛和植物的自然色相交融合后，向丰富多样的色彩过渡。

二、清代宫廷服饰色彩

服饰色彩作为区分等级的一个重要标志，在清代被体现得淋漓尽致。清代的宫廷服饰自上而下有皇帝、皇太子、皇子及亲王以下至奉恩将军、固伦额驸（汉族称驸马）等皇族的宗室及戚属。此外还有异姓封爵的民公、侯、伯、子、男、文武一品至九品官员等，他们的冠服都按级别的不同而有所区别，清入关以后清代宫廷服饰色彩以清朝政府制定和颁布的冠服典章制度作为主要参考依据。因清朝的统治阶层主要是由满族贵族组成，所以清代宫廷服饰体现出满族统治者的思想，反映着满族民族特征和特色。同时在历史进程中，民族间的相互融合、相互交流是一个永远不变的主题，继承与创新、融合与再生是贯穿清代宫廷服饰色彩的一条主线，同时体现出封建社会君臣有别、贵贱分明的等级制度。

在第三章满族宫廷服装中将详细阐述宫廷服饰的形制及其制度，在这里就不再重复介绍，仅就清代官服中的袍、服、褂、裙裳的色彩以图表的形式进行归类、整理和分析。

通过表 2-1 可以看出，皇帝、皇子等人所穿的冬朝服用色比较严谨，并且具有一定的限制，臣子和额驸衣服的色彩要求则比较宽松，只有明黄色和金黄色不可以穿用，由此可以证明色彩是区分等级的一个重要依据。朝服分为冬夏两种，有着明显的季节性之分，这是由于人们生理和心理变化相应引起的。冬季气候寒冷，皇帝冬朝服用色为明黄色、红色和蓝色，色彩偏向中性、灰暗或暖调；夏季阳光明媚百花齐放，此时服装色彩以明亮艳丽居多，皇帝的夏朝服用色是明黄、蓝、月白三色（图2-3、图2-4）。

表2-1 男冬朝服用色表

等级	冬朝服用色
皇帝	明黄色、红色、蓝色各一种
皇子	金黄色一种
亲王、亲王世子、郡王	蓝色、石青色两种（若曾赐金黄色也可穿用）
贝勒、贝子、固伦额驸、镇国公、辅国公、和硕额驸、皇孙	除金黄色不能用，其余各色皆随其所欲
民公、侯、伯下至四品官及奉恩将军、县君额驸	用色相同，蓝色及石青等色都可以用

图2-3 雍正用黄纱绣彩云金龙纹单朝服❶

图2-4 乾隆用月白缂丝彩云金龙纹单朝袍❷

通过表2-2可以看出，清朝宫廷妇女在着装时有很严格的等级制度，身份等级不同，服装用色也会不同。皇太后是后宫中身份最高的人，皇后是掌管后宫大权的人，皇

❶ 张琼. 清代宫廷服饰 [M]. 上海：上海科学技术出版社，香港：商务印书馆，2006:28.
❷ 张琼. 清代宫廷服饰 [M]. 上海：上海科学技术出版社，香港：商务印书馆，2006:10.

贵妃地位略低于皇后，但在后宫中也有很高的地位，因此皇太后、皇后、皇贵妃的冬朝服用明黄色，代表着地位之高，神圣不可逾越。贵妃和妃身份等级低于皇贵妃，其冬朝服则使用金黄色。嫔、皇子福晋和公主等穿着的香色服色，无论在色相上还是纯度上明显低于金黄色，是比较含蓄的颜色。皇孙福晋、贝勒夫人、贝子夫人等的服色是蓝色和石青色，明度偏低，色彩偏冷，远不如贵妃等人的高贵，在用色上与她们丈夫的朝服是相配的。

通过表 2-3 和表 2-4 可以看出，女子吉服袍比男子吉服袍用色更加丰富多彩，从色相上看，大多数是非常鲜亮跳跃的色彩。在清代，黄色是皇帝与皇子的专用色彩，有着独特的地位和严格的等级制度。按传统的五行学说，皇帝主中央，土色为黄，因用于衣，以顺时气，《月令》记载："天子居大庙大室，……衣黄衣，服黄玉。"儒教尚黄，道教尚黄，佛教亦尚黄。黄色以其神秘的意味，成为崇高的万花筒、祥瑞的辐射源、理想的通行证与神圣的护身符，成为"绝对理念的感性显现"，黄袍成为帝王的专宠而代代不衰。在色彩设计学中，可见光谱中黄色波长居中，颜色最亮，在视觉上有一种扩张感和尖锐性。黄色在清代与现代的用色上有着明显的差异，在现代，黄色人人皆可用，受欢迎程度高，中老年人穿黄色显得精神焕发，年轻人则显得清新有动力。

通过衣面与衣里用色的对比（表 2-5、表 2-6），可以看出衣里用色从色相上都是纯度较高的鲜艳色彩，相比之下衣面用色较为沉稳纯度较低。通过衣里色彩可以清晰看出，这些颜色与王公大臣的袍服用色相配，所以即使是在寒冷的冬季，这种严格的等级制度在服装用色上也表现得淋漓尽致。

通过表 2-7 可以看出，在衮服、补服、雨服中，石青色是最为常用的颜色。这三种服装的穿着场合都有特殊的规定，前两者都是作为一种礼服，在祭祀或者重大场合穿着的，所以服装颜色在选择时必须要肃穆庄重，石青色在色系中属于暗色调，使人联想到深沉、庄重、敏锐和威严，

表2-2 女冬朝服用色

身份等级	冬朝服用色
皇太后、皇后、皇贵妃	明黄色
贵妃、妃	金黄色
嫔、皇子福晋、亲王福晋、固伦公主、和硕公主、郡王福晋、亲王世子福晋、郡主、县主	香色
皇孙福晋、贝勒夫人、贝子夫人、镇国公夫人、辅国公夫人、民公侯伯子男夫人、镇国将军夫人、辅国将军夫人、郡君、县君、乡君以下至三品命妇、奉国将军淑人	蓝色、石青色

表2-3 男吉服袍用色

身份等级	用色
皇帝	明黄色
皇子	金黄色
皇孙、皇曾孙、皇玄孙	蓝色、酱色
亲王、亲王世子、郡王	除金黄色之外其余各色皆可
贝勒、贝子固伦额驸下至文武九品及未入流官员	蓝色、石青色

表2-4 女吉服袍用色

身份等级	冬朝服用色
皇太后、皇后、皇贵妃	明黄色
贵妃、妃	金黄色
嫔、贵人、皇子福晋、亲王福晋、亲王世子福晋、郡王福晋、固伦公主、和硕公主下至县主	香色
皇孙福晋、皇曾孙福晋、皇元孙福晋	红色、绿色
贝勒夫人下至民公侯伯子男夫人、郡君下至乡君、奉国将军淑人、奉恩将军恭人及命妇	蓝色、石青色

表2-5　端罩用色用料

身份等级	衣面用色	衣里用色
皇帝	黑狐、紫貂	明黄缎里
皇子	紫貂	金黄缎里
亲王、亲王世子、郡王、贝勒、贝子、固伦额驸	青狐皮	月白缎里（亲王也可用金黄色缎里）
皇孙、皇曾孙、镇国公、辅国公、和硕额驸	紫貂	月白缎里
民公、侯、伯下至文三品、武二品、辅国将军、县主额驸、男和京堂翰詹科道	原色貂皮	蓝色缎里
一等侍卫	猞猁狲皮间以豹皮	素红色缎里
二等侍卫	红色豹皮	素红色缎里
三等侍卫及蓝翎侍卫	土黄色狐皮	月白色缎里

表2-6　端罩衣面、衣里用色　　　表2-7　衮服、补服、雨服用色对比

衣面	衣里
黑色	明黄色
紫色	金黄色
青色	月白色
红色	蓝色
土黄色	素红色

款式	用色
衮服	石青色
补服	石青色
雨服	皇子亲王以下至文武一品官员御前侍卫及各省巡抚雨衣为红色
	文武二品以下至军民等凡有顶戴人员的雨衣均为青色

表2-8　褂的服装用色

款式	用色
朝褂	皇子亲王以下至文武一品官员御前侍卫及各省巡抚雨衣为红色
吉服褂	石青色
常服褂	石青色
行服褂	明黄、金黄、石青、白、红、蓝

表2-9　裙、裳用色

款式	用色
朝裙	上部为红色，下部为石青色
行裳	皇帝色随其欲，亲王以下及文武百官的行裳使用蓝及石青色
雨裳	皇帝雨裳为明黄色

这既能代表祭祀时庄重深沉的悲伤氛围，又能烘托出朝会时敏锐威严的氛围。由此看出清代制作服装的人们在选择服装色彩时是非常严谨和用心的。

通过表2-8分析可知，裰的服装用色与衮服、补服、雨服的用色是基本相同的，以石青色为主要服装用色。裙、裳用色如表2-9所示。

三、清代民间服饰色彩

清代满族民间服饰主要是指清代的旗人服饰，是指宫廷服饰以外的普通百姓日常所穿的便服，主要包括马褂、坎肩和袍衫（图2-5、图2-6）。马褂逐渐由朴实无华的实用型向求美的装饰型转化，马褂的颜色极为丰富。此时的马褂已不是昔日骑马射箭意义上所穿的马褂，而成为人们日常生活中所穿的常服。在众多的色彩中，数黄色马褂最尊贵，非特

图2-5　清代酱色缎兰竹纹男袍❶

图2-6　清代蓝色暗团花纹缎男夹袍❶

❶ 常沙娜 . 中国织绣服饰全集：第四卷：历代服饰卷（下）[M]. 天津：天津人民美术出版社 ,2004:392.

赐者不得服用（帝后除外），其次是天青、元青、石青三色。这三种颜色的马褂是男子在平时较为正规场合所穿着，带有礼节性，显得庄重、严肃。坎肩也叫作"背心""马甲""马夹""紧身"，与马褂类似，无袖，穿在长衫外。坎肩的用色也比较丰富，在坎肩的边缘，用织锦缎和各种宽窄、颜色、花纹不同的花绦镶边加绲，增加服装色彩的层次感，使色彩更加丰富。衫、袍就是现在所说的旗袍，是满族服饰中最具代表性的服装。春、夏季穿用的称为衫，秋、冬季穿用的称为袍。人们一般都穿浅颜色的竹布长衫，单着或加罩于袍袄之外，形成上身深（指马褂、马甲的颜色）而下半截浅的色调，从视觉上形成一种层次感，增加服装的美感。

四、军事服装色彩

女真人在建立金朝之前，臣属于辽近二百年，早期的军事服装大多采用契丹服。入主中原后吸收了汉族的文化习俗，服饰逐渐汉化，官服和戎服基本上都采用宋制。金朝武官的官服一律为紫色，戎服有紫、绯、朱、黑等色，以朱为主，普通士兵的戎服用白色的比较多。腰带的带鞓（带头）用红、白、金、银等色彩，铠甲则以金、银色为主，穿联铁甲的丝带或皮条染成紫、黄、青等色，称作"紫茸""青茸""黄茸"，装备这种彩色组带编缀的铁甲军队，称"紫茸军""青茸军""黄茸军"，是女真部队的主力。❶ 清代军事服装以八旗服装作为主要研究对象，八旗制度是清太祖努尔哈赤于1615年创立，分为正黄、正白、正红、正蓝、镶黄、镶白、镶红、镶蓝八旗（图2-7）。早期的八旗以红、白、橘黄、蓝为基本色，配上相互错开的四色镶边，组成八旗服色。八旗颜色取自金朝的五种颜色——红、黄、蓝、白、黑。红色代表太阳，黄色代表土地，白色代表水，蓝色代表天，

❶ 刘永华.中国古代军戎服饰[M].上海：上海古籍出版社,2003:149.

黑色代表铁。但是铁又生于土，有了土就可以不要黑色了，这样就只剩下四种颜色了。女真人靠天吃饭、靠天种地，有水有日就能生存、发展，所以就用蓝代表天，黄代表土，红代表日，白代表水，用天、地、日、水，对应蓝、黄、红、白。后来随着部队的扩建又增编镶黄、镶红、镶蓝、镶白四旗，合称八旗。八旗兵丁的服装与所在旗的颜色相对应，用黄、红、蓝、白及镶边为标识区分旗属，甲衣正黄旗通身黄色(图2-8)，镶黄旗黄地红边（图2-9），正白旗通身白色，镶白旗白地红边，正红旗通身红色（图2-10），镶红旗红地白边（图2-11），正蓝旗通身蓝色，镶蓝旗蓝地红边，全身一律镶有铜质泡钉。❶

镶红、镶黄、镶蓝、镶白四旗中用白色和红色镶边，一是具有装饰作用，二是作为便于与正红旗、正黄旗等区分的标志。白色传承金代的颜色，古有"金俗好衣白"之说。在色彩学中白色是必不可少的色彩，其本身具有光明、和平、纯真、恬静、轻快的印象，使人联想到善良、清洁、洁白、神圣、清晰感，与任何颜色都可以搭配。镶黄旗、镶白旗、镶蓝旗都用红色镶边，红色在可见光谱中光波最长，在视觉上有一种扩张感和迫近感，其具有性格外露、热情、活泼、生动和富有刺激感。八旗服装色彩的统一性能增长士兵的气势，用红色包边的服装在战场更能给敌人一种压迫感和紧张感，增强军队作战的能力。

五、民国及以后满族服饰色彩

在清代灭亡之后，宫廷服饰也随之消亡。但长袍、马褂、旗袍、坎肩等满族服饰，作为中国传统服饰的代表被保留了下来，并在民国期间得到了长足的发展，旗袍是由满族旗袍发展而来，1914年改良的满族旗袍首先在上海流行开来，接着影响全国。由于当时社会处于变革时期，因

---

❶ 曾慧.满族服饰文化研究 [M].沈阳：辽宁民族出版社,2010:121.

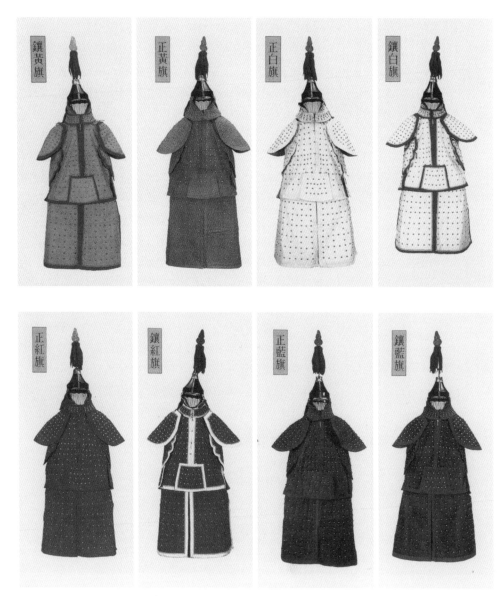

图2-7　乾隆朝八旗棉甲胄❶

---

❶ 黄能馥，陈娟娟.中华历代服饰艺术 [M].北京：中国旅游出版社,1999:492.

图2-8　八旗盔甲-正黄旗盔甲❶

图2-9　八旗盔甲-镶黄旗盔甲❷

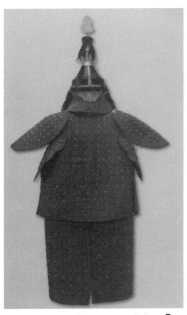

图2-10　八旗盔甲-正红旗盔甲❸

图2-11　八旗盔甲-镶红旗盔甲❹

---

❶黄能馥,陈娟娟.中华历代服饰艺术 [M].北京:中国旅游出版社,1999:386.
❷黄能馥,陈娟娟.中华历代服饰艺术 [M].北京:中国旅游出版社,1999:388.
❸黄能馥,陈娟娟.中华历代服饰艺术 [M].北京:中国旅游出版社,1999:387.
❹黄能馥,陈娟娟.中华历代服饰艺术 [M].北京:中国旅游出版社,1999:389.

此 20 世纪 20 年代至 40 年代，旗袍色彩以冷色系为主，给人一种灰暗的感觉，旗袍色彩以浑厚、淡雅、质朴、安稳、沉静、简洁为主要风格。1949 年至 1980 年，旗袍不分季节，男女老少均穿，色彩以灰色、青色或蓝色为主；自 20 世纪 50 年代起，旗袍在大陆开始消沉，历经 30 余年，至 20 世纪 80 年代以后，随着改革开放的深入，服饰个性化特点加强，传统优秀的服饰再一次受到人们的重视。满族旗袍在新的服饰潮流中重新崛起，色彩更加绚丽，成为中青年妇女的一种礼服，也是礼仪小姐的必选服装，并作为中国国服直至今日。20 世纪 80 年代至今的旗袍色彩要比 20 年代至 40 年代的旗袍色彩更加丰富多彩。随着生产力的快速发展和人们生活水平的不断提高，色彩已经成为人们日常生活中的一部分并且作为点缀装饰着人们的服饰世界，并在精神上给人一种美的享受。根据文献记载和留存下来的服饰实物可以看出，满族服饰色彩多以淡雅的白色、蓝色为主，红、黄、黑等色彩也是常用色。满族先祖服饰色彩至清代的民间服饰色彩呈现出高速发展的态势，从清代后期到辛亥革命以来满族服饰色彩应用有所下降，但更注重色彩应用的精致度，突出满族服饰的高贵、典雅气质。

纵观满族服饰色彩的发展历史，可以从中找到一个规律：色彩均是由单一到逐渐丰富，呈现一个上升的趋势，并在其基础上不断融合、创新，继而发展成本民族优秀的色彩元素。去其糟粕，取其精华，色彩的发展也呈现出一个传承与融合、继承与发展的趋势。

第二节
满族服饰图案

　　纹样是装饰花纹的总称，是附着于服装与佩饰上的装饰物，具有功能性、符号意义及审美价值的寓意与属性。服饰图案是人类物质生活的重要组成部分，它反映了一个民族在一定历史时期的政治、经济、文化和审美的特点，同时也折射出一定历史时期民族之间融合程度以及服饰自身的创新和再生。服饰上精美的图案反映了人们对美好愿望的表露、对美好生活的向往、对纯真纯正思想的追求，在某一层面它也折射出当时人们的审美心理、价值观念和社会状态。满族是中华民族的一员，其先民发祥于白山黑水的原始森林，在漫长的历史发展过程中，不仅形成了具有自己民族特色的文化，同时也丰富了中华民族的文化。满族服饰图案是与满族相伴而生的一种民族文化，是中华民族服饰图案重要的组成部分。满族服饰图案在其发展过程中既保留了本民族千年来世代相承的旧俗，也不断地吸收、融合其他民族的服饰图案精华，使本民族服饰图案更具民族特色，它体现出民族性、地域性、融合性、象征性、等级性、审美性和传承性的特点。不同时期满族服饰图案赋予满族服饰的意义也不一样，满族先祖服饰多采用反映生活环境的图案，使满族服饰的实用性更强；清代满族服饰图案象征身份地位的高低，使满族服饰具有鲜明的标识性作用，同时清代满族服饰图案多采用具有象征意义的图案，象征人世间的和谐、幸福与美满，增加了满族服饰的情感因素；近现代满族服饰图案在继承传统满族服饰图案的基础上，融汇了西方服饰图案的精华，使满族服饰更加丰富多彩。

一、满族先祖服饰图案

金代时期的服饰图案既保留了先人服饰的特色，同时也吸收了契丹民族和汉族服饰的元素。金代女真人绣在服饰上的图案与其生产生活相关联（图2-12）。这一时期的金代图案保留了较多的民族特色，最具特色的是绣有鹘捕鹅（图2-13）、杂以花卉的春水之服，以熊鹿山林为题材的秋山之服，是女真人生活习俗在服饰上的体现，同时这些动植物图案同样有麻痹猎物、保护自己的作用。"其从春水之服则多鹘捕鹅，杂花卉之饰。其从秋山之服，则以熊鹿山林为文，其长中骭，取便于骑也。"❶

金代装饰图案喜欢用禽兽，尤其用鹿。在松花江下游奥里米金墓出土的玉透雕牌上就雕有一对赤鹿，一只公鹿长角弓背，傲然挺立，一只母鹿回眸凝望，温文娴雅，左右两边各有一棵小树，表示鹿在林中栖息，具有游牧民族的装饰特点；兰州中山林金墓出土的雕砖上也雕刻着大量的鹿纹；在山西稷山马村、化峪等地金墓中发现的这种图案更多，鹿的形象也各不相同，或漫步缓行，或奔腾飞驰，富有浓厚的生活气息，这种装饰特点在衣冠服饰也大量应用，《金史·舆服志》中就有女真族服饰"以熊鹿山林为文"的记载。鹿的图案大量被采用，除其本身的外形较为优美

---

❶脱脱.金史·舆服志：卷四十三 [M]. 北京：中华书局,1975:984.

便于用作装饰外，还有一个原因就是鹿与汉字的"禄"同音，富有吉祥的含意。明清时期，鹿的图案虽然没有被收进官员补服，但在民间仍属常用，比较多见的是将它与"福"字和"寿"字配合在一起，名为"福、禄、寿"。金代官服用金绣在胸、肩、袖上做装饰，金世宗时按官职尊卑定花朵大小，三品以上花大五寸，六品以上花大三寸，小官则穿芝麻罗，花纹分大独科花、小独科花、散搭花、小杂花、芝麻型花、无纹等，花纹也应用在佩饰上（图2-14）；金代仪仗服饰是以孔雀、对凤、云鹤、对鹅、双鹿、牡丹、莲花、宝相花为装饰，并以大小不同的宝相花区别官阶高低，题材与唐宋时期汉族装饰图案相似，而图案形式则与元代相近。

图2-12　金锦裙❶

图2-13　鹘捕鹅图案❷

图2-14　金代佩饰❸

❶陈高华.中国服饰通史 [M].宁波：宁波出版社,2002:53.
❷黄能馥，陈娟娟.中华历代服饰艺术 [M].北京：中国旅游出版社,1999:320.
❸常沙娜.中国织绣服饰全集：第四卷：历代服饰卷（下）[M].天津：天津人民美术出版社,2004:65.

二、清代服饰图案

清代服饰图案是我国服饰发展的又一鼎盛时期，服饰图案的装饰作用已达到登峰造极的程度，具有浓郁的满族特色。满族服饰图案在继承满族先祖服饰文化的基础上，吸收了汉族及其他少数民族服饰图案的精华。由于政治、经济、文化、审美等方面的影响，清代满族服饰图案既不同于其他民族，又有相似之处，是清代满族服饰独特文化的结晶。

1.宫廷服饰图案

清代宫廷服饰图案是区分身份等级差异的重要标志，清代统治者用服饰图案的不同变化来表现等级的高低。清代宫廷服饰上绣有各种寓意吉祥、色彩艳丽的纹饰图案，有龙纹、蟒纹、十二章纹、补子图案、蝙蝠、云纹等，这些图案只为封建社会里的帝王和少数高官所用，并不普及，平民不允许穿用。受宫廷服饰等级制度的影响，服饰图案的标识功能要大于审美功能。清代宫廷服饰中男装图案以动物类图案居多，运用动物的高贵程度与凶猛程度来表现人的身份地位高低；宫廷男装图案中植物类图案使用较少，一般在便服中使用暗花；文字图案有深刻的吉祥寓意，常与动物图案或植物图案搭配在便服中使用；几何图案则一般用于服装的镶边处，起到装饰和衬托的作用；其他图案包括十二章纹样的一部分以及云纹和海水江崖纹等，这一类图案有深刻的象征意义，从不单独使用，常与动物类、植物类图案搭配应用在服装上。清代宫廷女装中动物类与植物类图案使用居多，由此可以看出女装图案在注重标识性作用的同时也注重审美性作用，用动物类图案来表示身份地位的高低，以植物、花卉图案来表现女子的娇柔之美；宫廷女装中文字图案的使用也比较常见，不仅在便服中使用，有时也被用在女朝袍上；女装中几何图案用于服装或花纹的镶边处，具有装饰与衬托的作用，但不经常使用；其他图案包括云纹、海水江崖纹等是常见的装饰图案，经常与动物类、植物类图案搭配使用。

在宫廷服饰中，最显著、最高贵的图案非龙纹莫属，龙纹综合了许多动物的特征，集蛇身、鱼鳞和须、马鬃鹿角、鹰爪于一身。中国各朝各代表现龙的图案方面不尽相同，但表达的始终是"真龙天子"的唯我独尊、至高无上的政治权威意义（图2-15）。龙纹在服饰上表现形式很多，有正龙、飞龙、行龙、降龙、升龙、团龙等。据《大清会典》《清史稿》等文献资料记载以及留存下来的实物可以看出，绣有龙纹的龙袍是皇帝及后妃、皇太子及太子妃所穿用。清代皇帝的朝袍是清代所有服装中等级最高的服装，所装饰的龙纹数量也最多（图2-16）。清代宫廷女服也以龙纹的数量体现等级的高低，皇太后、皇后（图2-17）、皇贵妃、贵妃、妃、嫔的朝袍饰金龙九条，皇子福晋、亲王福晋、固伦公主、和硕公主、郡王福晋和县主的夏朝袍、吉服褂饰金龙八条。

图2-15 清乾隆平金加彩绣龙纹圆补❶

❶黄能馥,陈娟娟.中国历代服饰艺术 [M].北京:中国旅游出版社,1999:426.

图2-16　清嘉庆皇帝朝服像❶

❶黄能馥,陈娟娟.中国历代服饰艺术[M].北京:中国旅游出版社,1999:436.

图2-17　孝贤纯皇后像❶

---

❶朱诚如.清史图典·乾隆朝（上）：第六册 [M].北京：紫禁城出版社,2002:7.

　　"蟒"和"龙"的造型基本相同，只是头部、尾部、火焰等处略有差别。皇帝以下的各级臣属其吉服不能称作"龙袍"，而叫"蟒袍"。皇子、亲王、郡王的蟒袍上饰九条五爪蟒；贝勒、贝子、固伦额驸下至文武三品官、奉国将军、郡君额驸、一等侍卫等人的蟒袍饰九条四爪蟒，其中贝勒以下、公民以上曾蒙皇帝赐五爪蟒者可用五爪蟒；文武四品官、奉恩将军、二等侍卫下至文武六品官等人的蟒袍饰八条四爪蟒；文武七、八、九品官及未入流官的蟒袍饰五条四爪蟒。正龙高于行龙，龙高于蟒，五爪蟒高于四爪蟒（图2-18~图2-20）。在宫廷女服中蟒纹的运用也很严格，贝勒夫人、贝子夫人、镇国公夫人、辅国公夫人、民公、侯伯、子男夫人、镇国将军夫人、辅国将军夫人、郡君下至三品命妇、奉国将军淑人的朝袍饰八条四爪蟒；四品命妇、奉恩将军恭人以下至七品命妇的朝袍饰四条行蟒；女吉服中的吉服褂、贝勒夫人和郡君的吉服褂为前后饰四爪正蟒各一条；贝子夫人和县君的吉服褂为前后饰四爪行蟒各一条；镇国公夫人、辅国公夫人、乡君以下至七品命妇的吉服褂饰八团花卉。与清代男褂一样，女褂是穿在最外层的衣服，所饰纹样一目了然，体现的等级划分也是最为烦琐和细密。

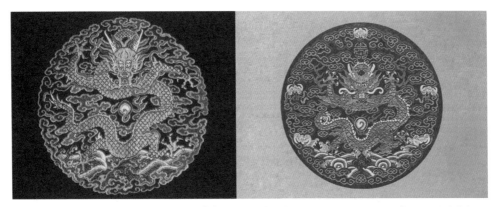

图2-18　龙纹与蟒纹对比图（左图为清康熙彩织祥云金龙纹圆补❶，右图为亲王圆蟒补❷）

---

❶黄能馥，陈娟娟. 中国历代服饰艺术 [M]. 北京：中国旅游出版社,1999:426.
❷常沙娜. 中国织绣服饰全集：第四卷：历代服饰卷（下）[M]. 天津：天津人民美术出版社,2004:308.

图2-19 咸丰朝鹅黄纱双面绣蓝龙纹单蟒袍❶ 图2-20 清中期酱色缂丝彩云金蟒纹夹蟒袍❷

　　十二章纹是我国古代天子或皇帝礼服和吉服上的一种装饰图案，它是王权的标志，有极强的等级制度（图2-21）。据《尚书・虞书・益稷》记载，十二章纹包括日、月、星辰、龙、山、华虫、火、宗彝、藻、粉米、黼、黻，始于有虞氏之时。自周朝以来，十二章纹用于皇帝的龙袍或冕服之上，十二章纹取法自然界的自然现象、珍禽异兽和一些特殊字符，每一章都有深刻含义，其施于服饰上的含义和它的象征意义如下：日、月、星，取其照临光明，如三光之耀；龙能变化而取其神之意，象征人君的应机布教而善于变化；山取其能云雨或说取其镇重的性格，象征王者镇重安静四方；华虫取其有文章（文彩），表示王者有文章之德；宗彝谓宗庙之鬱鬯樽，虞夏以上取虎彝、蜼彝，虎取其猛，蜼取其智或说取其孝，以表示有深浅之知、威猛之德；藻为水草之有文者，取其洁，象征冰清玉洁之意；火取其明，火焰向上有率士群黎向归上命之意；粉米取其洁白且能养人之意，若聚米形，象征有济养之德；黼即画金斧形，白刃而銎黑，取其能断割之意，斧与黼音近，可通用；黻作两己相背形，谓君臣可相济，见恶改善，同时

❶张琼.清代宫廷服饰 [M].上海：上海科学技术出版社，香港：商务印书馆,2006:183.
❷张琼.清代宫廷服饰 [M].上海：上海科学技术出版社，香港：商务印书馆,2006:70.

取臣民有背恶向善德含意。❶在乾隆以前的几位清朝皇帝
服饰上，十二章纹饰也有应用，但都极少见。北京故宫收
藏的清早期服饰中只有顺治时的两件"明黄色缎绣狐皮边
男龙袍"上绣有十二章纹饰，但还很不规范，并没有作为
制度规定下来。自乾隆时起，在诸帝的朝服、吉服上加饰
了十二章纹饰。清代十二章纹样的排列位置为上衣领前列

图2-21　清道光刺绣十二章龙袍料及十二章纹样特写❷❸

❶周锡保．中国古代服饰史 [M]．北京：中国戏剧出版社，1984:15-16.

❷黄能馥，陈娟娟．中国历代服饰艺术 [M]．北京：中国旅游出版社，1999:441.

❸从左到右：第一排，山纹，月纹，藻纹，第二排，黻纹，星辰纹，黼纹，第三排，华虫纹，宗彝纹，龙纹，第四排，火纹，日纹，
　粉米纹。

三星、作正角三角形排列，领后为山纹；右肩有兔，代表月，左肩有鸡，代表日；胸前正龙右下方为黼纹，左下方为黻纹；后背正龙下方为龙纹，左下方为华虫纹，上衣合起来共八章。下幅前身右为火纹，左为粉米；后身右为藻纹，左为宗彝纹。下幅合起来一共四章，这种排列方法与以往历朝的排列方式有所不同。

清代补子图案是满族最具特色的服饰图案之一，补子图案被视为"治天下之道"，是等级尊卑的外在表现（表2-10）。清代补子从形式到内容都是在直接承袭明朝官服补子的基础上修改而来，但尺寸比明代略有缩小，图案也不尽相同。明朝补子尺寸大的达40厘米，而清朝补子一般都在30厘米左右。由于清代补子是缝在对襟褂上的，与明朝织在大襟袍上有所不同，所以明代补子前后都是整块，而清朝补子的前片都在中间剖开，分成两个半块。从色彩和纹样来看，明代补子以素色为多，底子大多为红色，上用金线盘成各种规定的图案，五彩绣补比较少见。清朝补子则大多用彩色，底子颜色很深，有绀色、黑色及深红。明朝补子的四周一般不用边饰，而清朝补子的周围则全部有花边。另外，明朝有些文官（如四品、五品、七品、八品）的补子常织绣一对禽鸟，而清朝的补子全部织绣单只（图2-22、图2-23）。[1] 1621年努尔哈赤制定官员补子的规定是清代补子的最初形制，也是清代服饰与汉族服饰融合借鉴的一个例证（图2-24~图2-28）。武官为兽，文官为禽图案。

由表2-10可以看出，从补子的形状上，圆形补子的等级高于方形补子；从纹样数量上，团纹越多等级越高；从纹样内容上，正龙高于行龙，龙高于蟒，五爪蟒高于四爪蟒，蟒高于飞禽和走兽，飞禽和走兽又分别以其珍稀和凶猛程度从高到低排序。[2]

---

[1] 上海市戏曲学校中国服装史研究组 . 中国历代服饰 [M]. 上海：学林出版社 ,1984:277.
[2] 严勇 . 清代服饰等级 [J]. 紫禁城 ,2008(10):77.

表2-10　清代补子图案

身份	图案	特点
亲王	五爪金龙四团	前后正龙、两肩行龙
亲王世子	五爪金龙四团	前后正龙、两肩行龙
郡王	五爪行龙四团	前后两肩各一
贝勒	四爪正蟒二团	前后各一
贝子	四爪正蟒二团	前后各一
固伦额驸	四爪正蟒二团	前后各一
镇国公	四爪正蟒方补	前后各一
辅国公	四爪正蟒方补	前后各一
和硕额驸	四爪正蟒方补	前后各一
民公、侯、伯	四爪正蟒方补	前后各一
文一品	仙鹤方补	前后各一
文二品	锦鸡方补	前后各一
文三品	孔雀方补	前后各一
文四品	云雁方补	前后各一
文五品	白鹇方补	前后各一
文六品	鹭鸶方补	前后各一
文七品	鸂鶒方补	前后各一
文八品	鹌鹑方补	前后各一
文九品	练雀方补	前后各一
未入流	练雀方补	前后各一
都御史	獬豸方补	前后各一
副都御史	獬豸方补	前后各一
给事中	獬豸方补	前后各一
御史	獬豸方补	前后各一
按察司各道	獬豸方补	前后各一
武一品	麒麟方补	前后各一
镇国将军	麒麟方补	前后各一
郡主额驸	麒麟方补	前后各一
武二品	狮子方补	前后各一
辅国将军	狮子方补	前后各一
县主额驸	狮子方补	前后各一
武三品	豹方补	前后各一
奉国将军	豹方补	前后各一
郡君额驸	豹方补	前后各一
一等侍卫	豹方补	前后各一
武四品	虎方补	前后各一
奉恩将军	虎方补	前后各一
县君额驸	虎方补	前后各一
二等侍卫	虎方补	前后各一
武五品	熊方补	前后各一
乡君额驸	熊方补	前后各一
三等侍卫	熊方补	前后各一
武六品	彪方补	前后各一
蓝翎侍卫	彪方补	前后各一
武七、八品	犀牛方补	前后各一
武九品	海马方补	前后各一
从耕农官	彩云捧日方补	前后各一

图2-22 清代文官补子❶❷

图2-23 清代武官补子❸❹

图2-24 清三色金平金绣鹭鸶纹方补女对襟马褂❺

图2-25 清光绪缂丝加金线正龙纹圆补❻

---

❶常沙娜.中国织绣服饰全集:第四卷:历代服饰卷(下)[M].天津:天津人民美术出版社,2004:311.
❷从右至左,自上而下,依次为:文一品云鹤纹方补;文一品云鹤纹方补;文一品云鹤纹方补;文二品锦鸡纹方补;文三品孔雀纹方补;文四品云雁纹方补;文五品白鹇纹方补;文六品鹭鸶纹方补;文六品鹭鸶纹方补;文七品鸂鶒纹方补;文八品鹌鹑纹方补;文九品练雀纹方补。
❸从右至左,自上而下,依次为:武一品麒麟纹方补;武一品麒麟纹方补;武一品麒麟纹方补;武二品狮纹方补;武三品豹纹方补;武三品豹纹方补;武四品虎纹方补;武五品熊纹方补;武六品彪纹方补;武六品彪纹方补;武七、八品犀牛纹方补;武九品海马纹方补。
❹常沙娜.中国织绣服饰全集:第四卷:历代服饰卷(下)[M].天津:天津人民美术出版社,2004:312.
❺黄能馥,陈娟娟.中国历代服饰艺术[M].北京:中国旅游出版社,1999:480.
❻王智敏.龙袍[M].台北:台湾艺术图书公司,1994:67.

图2-26　清光绪皇后石青缎地五彩绣云龙八团水龙褂（右图为团龙特写）❶

图2-27　清道光平金绣九品练雀纹方补❷　　　图2-28　清从耕农官朝日补❸

❶黄能馥,陈娟娟.中国历代服饰艺术[M].北京:中国旅游出版社,1999:449.
❷黄能馥,陈娟娟.中国历代服饰艺术[M].北京:中国旅游出版社,1999:431.
❸黄能馥,陈娟娟.中国历代服饰艺术[M].北京:中国旅游出版社,1999:434.

　　在清代宫廷服饰中云纹是最常见的装饰图案之一。古人对云有着神秘的幻觉，遐想神仙乘云车来到人间，"云"与"运"谐音，含有运气、命运之意，因此云纹也是中国传统吉祥图案的一种。云与龙、凤、山石、海水、火焰、吉祥文字、花卉等组成特定寓意和吉祥象征的图案，不仅起到装饰作用也表达了对美好生活的希望。云纹形态特点鲜明，有朵云、层叠云、流云、如意云之分，云纹是龙袍上不可缺少的装饰图案，在很多官服上也常用，既表现祥瑞之兆又起到衬托作用（图2-29~图2-32）。

图2-29　清皇帝帔领小样❶

图2-30　清乾隆刺绣龙纹圆补局部❷

图2-31　文二品锦鸡纹方补❸

图2-32　文六品刺绣鹭鸶方补❹

❶黄能馥，陈娟娟.中国历代服饰艺术 [M].北京：中国旅游出版社,1999:418.
❷黄能馥，陈娟娟.中国历代服饰艺术 [M].北京：中国旅游出版社,1999:426.
❸黄能馥，陈娟娟.中国历代服饰艺术 [M].北京：中国旅游出版社,1999:427.
❹黄能馥，陈娟娟.中国历代服饰艺术 [M].北京：中国旅游出版社,1999:429.

在清代宫廷服饰中海水江崖纹是最常见的装饰图案之一，是清代象征皇室或官员身份的图案。海水江崖纹是在龙袍下摆位置上斜着排列代表深海的曲线，装饰有波涛翻卷的海浪，海浪之上绣着挺立的山崖和宝物，这样的图案称为"海水江崖"，海水江崖纹在官员的补服以及袍服的马蹄袖上是常见的装饰图案（图2-33）。

在中国古代，蝙蝠的"蝠"与"福"字同音，因此蝙蝠被看作吉祥的动物。在萦绕云形中画几只飞舞的蝙蝠，"福来自天上"就是这种思想的再现（图2-34）。红色蝙蝠纹即红蝠，其发音与"洪福"相同，是龙袍上常用的装饰图案，蝙蝠图案在其他宫廷服装中也是常见的图案。蝴蝶图案在中国文化中，是自由自在的象征。在古人心目中，蝴蝶还是吉祥美好的象征。"蝴"与"福"的读音相似，人们常把瓜、蝴蝶画在一起，谐音"瓜瓞绵绵"，展示对丰收的祝愿、子嗣的延续。"蝶"还与"耋"同音，因此蝴蝶又被作为长寿的借指。在清代宫廷女服中，蝴蝶是常见的装饰图案。"百蝶花"是清代乾隆年间最流行的图案，是以蝴蝶和四季花为题材的装饰图案。

图2-33　马蹄袖❶

图2-34　清乾隆五彩云蝠龙袍❷

❶王智敏.龙袍[M].台北：台湾艺术图书公司,1994:122.
❷黄能馥,陈娟娟.中国历代服饰艺术[M].北京：中国旅游出版社,1999:440.

　　文字图案即文字组成的图案，是指以文字形象为主要内容的装饰图案，是图案特殊类型的一种。在清代宫廷服饰图案中，文字图案有"卐"字、"寿"字、"福"字、"喜"字。"卐"字读"万"，作为数词的概念，具有极、绝对的含义，象征浩大世界的无尽丰富性和力量感。"寿"字在服装上用得较多，也常与蝙蝠纹、石榴纹一起用，寓意多子、多福、多寿，统称为万代福寿三多。"寿"本是字，由于吉祥图案的影响，通过变形以图案化出现的寿纹大量用于服装中（图2-35），寿纹有团寿纹和长寿纹。在宫廷女服中最常见的文字图案就是"寿"字纹。团寿字、灵芝、飞鹤、竹子，寓意"群仙祝寿"；五个蝙蝠围着圆寿字加水仙，寓意"五福寿仙"；团寿字、海棠、蝙蝠，寓意"寿山福海"。另外，"喜"字也作为寓意吉祥的文字图案被应用在服装中。喜字、蝙蝠、磬、梅花，寓意"喜庆福来"；双喜字、百蝶，寓意"双喜相逢"；双喜字、莲花，寓意"连连双喜"。由此可见，文字图案是清代服装中常见的吉祥图案。

图2-35　清代百寿衣❶

❶常沙娜.中国织绣服饰全集:第四卷:历代服饰卷（下）[M].天津:天津人民美术出版社,2004:381.

图2-36　清代明黄色纳纱荷花纹单衬衣❶　　　图2-37　清代藕荷色缎平金绣藤萝团寿裕衬衣❷

花卉图案是清代宫廷服饰中运用较为广泛的图案，尤其在女服中更是常用的装饰题材（图2-36、图2-37）。几何图案具有简约、明快、秩序感强等特点，在清代宫廷服饰图案中，几何图案一般用于镶边处，起到装饰、衬托的作用。

2.满族民间服饰图案

清代服饰制度等级森严，对服饰图案的要求更为严格（图2-38），因此民间服饰上的图案都比较简单，尤其是男子服装。清代男子服装一般用团花、折枝大花、整枝大花、喜字等图案的暗花缎、暗花宁绸、漳绒、漳缎等面料（图2-39）。满族民间男装中的套裤上一般用植物图案作装饰（图2-40）。满族民间女装图案多以刺绣花卉图案为主，花卉图案应用于服装的广泛性是其他图案所不能比拟的。清代满族民间服饰花卉图案一般都装饰在衣服的胸前、后背、袖片、袖口、襟边、领口和下摆等部位，满地绣花图案则常见于富裕人家的女装上。

---

❶常沙娜.中国织绣服饰全集：第四卷：历代服饰卷（下）[M].天津：天津人民美术出版社,2004:424.
❷常沙娜.中国织绣服饰全集：第四卷：历代服饰卷（下）[M].天津：天津人民美术出版社,2004:425.

图2-38　晚清花卉杂宝狮子滚绣球纹琵琶襟坎肩（左正面，右背面）❶

图2-39　清代蓝色百蝠百寿织金缎袷马褂❷

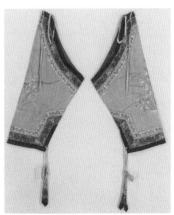

图2-40　藕荷色绸绵套裤❸

---

❶黄能馥，陈娟娟.中国历代服饰艺术 [M].北京：中国旅游出版社,1999:482.
❷常沙娜.中国织绣服饰全集：第四卷：历代服饰卷（下）[M].天津：天津人民美术出版社,2004:366.
❸常沙娜.中国织绣服饰全集：第四卷：历代服饰卷（下）[M].天津：天津人民美术出版社,2004:369.

由于清代服饰制度的影响，动物类图案具有象征意义，很多动物图案平民不允许穿用，因此清代满族民间服饰图案中植物类图案居多（图2-41、图2-42）。这种制度到晚清时有了明显变化，动物图案在服饰上的运用比较广泛（图2-43），这也是阶级等级制度逐渐削弱的重要表现之一。动物图案中一般以蝴蝶最为常见，蝴蝶姿态优美而且没有身份等级的象征性，所以深受女子的喜爱。在满族民间服饰图案中，无论是文字图案还是动物图案一般都与植物花卉图案搭配。

佩饰在满族文化中占据着重要地位，它可以折射出满族的习俗文化和社会发展程度。满族佩饰图案是满族人民为了审美或者作为感情寄托，置于佩

图2-41　晚清刺绣对襟女褂❶

图2-42　晚清大镶边对襟坎肩❷

图2-43　晚清仕女八团狮子滚绣球大镶边对襟坎肩❸

❶黄能馥，陈娟娟.中国历代服饰艺术[M].北京：中国旅游出版社,1999:479.
❷黄能馥，陈娟娟.中国历代服饰艺术[M].北京：中国旅游出版社,1999:481.
❸黄能馥，陈娟娟.中国历代服饰艺术[M].北京：中国旅游出版社,1999:482.

饰中的一种表现形式，它能反映当时满族人们的审美心理、价值观念和社会状态。满族佩饰主要包括枕头顶（图2-44、图2-45）、幔帐套、童帽、鞋、荷包香囊等。满族佩饰图案主要有植物图案、动物图案、戏曲神话、诗词吉语和几何纹样等。

植物是生物界中的一大类，是生命的主要形态之一，植物的生息与繁衍成为人们心中神圣的象征。在满族文化中植物具有丰富的民族文化内涵和象征意义，用于满族佩饰的植物图案主要有菊花、莲花、葫芦、梅花、牡丹、石榴、松树、竹等。植物作为一种吉祥图案出现在满族佩饰中主要有两个原因，一种是运用植物的象征意义，如菊花图案在满族文化里被赋予延年益寿、敬老、长寿的象征意义；梅花则是鼓励满族人民自强不息、坚韧不拔去迎接新生活的挑战的意义；牡丹是富贵吉祥、繁荣兴旺的象征；另一种则是运用植物的名称，与某些吉祥意义的文字谐音而取其意，如葫芦谐音"福禄"、莲花则是出淤泥而不染、连生贵子的含义；竹子则是竹报平安、步步高升的含义。

图2-44　黑缎菊花纹枕头顶❶

图2-45　白布绣莲花枕头顶

---

❶本章节的枕头顶实物均来自辽东学院（辽宁丹东）柞蚕丝绸与满族服饰博物馆藏品。

动物图案是赋予动物人性化的情感,满族人民试图将自己对美好生活的向往寄于某种动物身上,希望能借助他们的力量来得以实现;或是借助他们的力量来保护自己的民族或家庭不受到外来事物的侵袭。聪明的满族人民将动物图案绣在佩饰之上,同时也将自己内心的感情表达出来,通过佩饰图案传达他们对无忧无虑生活的向往、对美好事物的憧憬。用于满族佩饰的动物图案主要有蝴蝶、燕子、喜鹊、仙鹤、鱼、龙凤、鸡和鸳鸯等。在满族人的生活中,蝴蝶、燕子和鸳鸯是幸福、爱情的使者,表达了满族人民对完美爱情的憧憬;喜鹊因带有"喜"字,被作为一种好运与福气的象征(图2-46、图2-47);仙鹤则象征着幸福、吉祥、长寿和忠贞;鱼则是因其多籽而被视为生育繁衍的象征,并有连年有余、吉庆有余的含义;龙凤则是英勇和神圣、权威和尊贵的象征,龙凤在满族传统图案中具有很强的阶级性,是皇亲国戚的专用产品,民间禁止使用。所以在图案的发展过程中,早期民间并没有出现龙、凤的图案,随着社会的发展,阶级性逐渐消亡之后,满族民间才出现龙、凤的图案;在满族传统文化中,鸡是黎明的象征,是辟邪除害的灵物,因其谐音为吉,有吉祥如意、金鸡报喜的寓意。

自宋代以来,由于满、汉文化的交流与融合,戏曲在满族人民生活中成为一种极为普遍的艺术活动。戏曲内容和戏曲艺人的精彩表演抒发了满族人民对英雄人物的景仰之怀,表达了人们对善恶美丑的判断,寄托了他们对幸福生活的向往和追求,同时也激发了满族人民的创作热情。他们将戏曲中人们喜爱的人物形象和熟悉的剧情场景,经过奇妙的艺术处理,绣制于佩饰之上,从而使戏曲得以在更大的时空里流传,形成了满族女红文化强烈的地方性色彩,也是民族文化在历史发展进程中相互融合的例证之一。

诗文吉语具有丰富的表现性和极大的灵活性,它可以准确传达作者的信息。满族佩饰图案将花卉与文字相结合,增强了吉祥氛围和令人愉悦的感受,从中透露出满族人民对悠然自得生活的向往与期盼(图2-48~图2-51)。

图2-46　红缎喜相逢枕头顶

图2-47　蓝缎喜鹊报喜枕头顶

图2-48　蓝缎吉语枕头顶

图2-49　蓝缎隶书清泉石上
流字纹枕头顶

图2-50　白缎三度林英枕头顶

图2-51　红缎绣龙凤字纹枕头顶

几何纹样是一种传统纹样，多装饰在领口、前襟、腰间、下摆与裤脚等处。经过长期的发展，佩饰中也出现了大量的几何纹（图2-52、图2-53），图案的形式一般以全幅形式出现，以几何纹循环往复形成，折线竖线、有开有并、富于变化，构图美观、大方，具有很强的节奏感与立体感。

图2-52　彩缎几何纹荷包

图2-53　白面十字绣幔帐套

三、民国及以后满族服饰图案

本部分内容以满族旗袍图案为主要内容进行阐述。旗袍作为中国服饰文化的一部分，具有强烈的中国文化色彩，旗袍的装饰图案更是旗袍之美的点睛之笔（图2-54、图2-55）。民国之后的旗袍被认为是表现女性美的典型民族服装，享誉世界。旗袍最大的特点就在于勾勒与烘托女性的曲线美，这在中国妇女服装的历史上是一次重大的革命性转折。

民国初期，旗袍无论是款式还是图案都明显带有清末满族女装的痕迹，袍身宽松，下摆较大，但没有了烦琐镶嵌绲绣之类的花边，只是在袖口和下摆处镶一两道窄窄的花边。旗袍图案多采用牡丹、梅花、菊花、兰花等具有晚清风格的传统花卉图案，与凤、蝴蝶等动物图案组合使用，寓意吉祥、富贵。

图2-54　橘红闪嫩绿闪缎夹旗袍（20世纪20年代）❶

图2-55　蓝地彩印花罗夹旗袍（20世纪20年代中期的样式）❷

---

❶包铭新.近代中国女装实录[M].上海：东华大学出版社,2004:24.
❷包铭新.近代中国女装实录[M].上海：东华大学出版社,2004:20.

　　20世纪30年代和40年代旗袍受到西方服饰文化的影响，摆脱了服饰制度的束缚，题材多变，图案丰富（图2-56、图2-57），有植物图案、动物图案、几何图案。植物图案运用最为普遍，线条简化，用色单纯、淡雅；动物图案较多地出现在民国早期的裙、上衣、旗袍上，基本沿袭晚清服装图案风格，其中蝴蝶、凤凰、龙、仙鹤等为常用题材，多与植物图案、云纹组合使用，具有象征寓意，民国后期很少出现这种风格；民国旗袍中有时也会使用文字图案，常见的有卐字纹、寿字纹❶；条格图案也是旗袍中常见的图案。

图2-56　20世纪40年代旗袍❷

图2-57　20世纪40年代花卉旗袍❷

❶包铭新,柳韵.民国传统女装刺绣研究 [J].浙江纺织服装职业技术学院学报,2010(1):45.
❷包铭新.近代中国女装实录 [M].上海:东华大学出版社,2004:54.

第三节
满族织染、刺绣工艺

　　工艺是劳动者利用生产工具对各种原材料、半成品进行加工或处理，使之最后成为产品的方法，是人类在劳动中积累起来并经过总结的操作技术经验。民族工艺产生于劳动，根植于生活，因而不但有顽强蓬勃的生命力，而且有广博深厚的文化内涵。通过工艺品、装饰品及服饰的工艺可以了解一个民族的生活环境和经济发展，可以了解一个民族的精神世界和审美情趣；可以了解一个民族的智慧和创造。通过民族工艺，可以看出中华民族多元一体的文化特征。艺术是情感的形象体现，通过民族工艺品的造型、图案、色彩，能看到满族人民的智慧、善良淳朴以及他们对自然和生活的热爱。

一、满族先祖时期的纺织工艺

　　挹娄是古代肃慎族的后裔，挹娄时期出现了麻布，挹娄人已经会用麻来织布，面料由皮毛发展为麻布，虽然数量少，但说明挹娄人不仅掌握了早期的毛纺织技术，还学会了将植物纤维纺织成布的技术。貂皮的加工技术有了进一步发展，"挹娄貂"已成为中原地区备受欢迎的一种进贡物品。挹娄时期，裘衣种类很多，贵贱不一。服装面料已经由最初的毛皮、麻布，发展到了毛、柞蚕丝，纺织业相当发达，渤海境内盛产细布、䌷布和白纻，显州（今吉林和龙一带）的麻布颇富声誉。沃州（今朝鲜咸镜南道）以织绵著称，龙州（今黑龙江宁安）则以织绸闻名。面料有锦罗、绸、缎、纱、绢等，向唐朝进贡的"鱼牙绸""朝霞绸"相当精美。纺织技术进一步细化，麻布分粗布和细布两种，细布颇为精好，曾作为地方特产献贡于后唐，也是与契丹交易的主要产品。金代女真人以善织布而著称，桑蚕业、纺织业、手工业在金代有了更进一步的发展（图2-58）。布的品种较多，"土产无桑蚕，维多织布，贵贱以布之粗细为别。"❶纺织手工业已经普及到家家户户。进入中原后，朝廷在真定（今河北省石家庄市正定县）、平阳、太原、河间（今河北省）、怀州（今河南省沁阳市）五处设置绫锦院，主要生产绵、绮、纱、縠等高档产品。此外还有裁造署、文绣署、织染署等丝织品加工业、手工业作坊，派官员专门管理织造及常课等事。除绫锦院外，各地还有许多私营的纺织作坊，其纺织品各具特色，如相州（今河南北部安阳市与河北省临漳县一带）的"相缬"，河间府的"无缝锦"，大名府（今河北省大名县东南部）的皱縠和绢，河东南路乎阳府（今山西省）的卷子布，山东西路东平府（今山东省东平县）的丝绵、绫绵、绢，东京路辽阳（今辽宁省辽阳市）的"师姑布"，中都路平川的绫，涿州的罗等。其中中都（今北京市）大兴府的锦绣在金朝初年就以精美居全国之冠。❷明代建州、海西女真"善缉纺"，是满族先祖传承下来的手工工艺，这为后来纺织业的发展起到了启蒙作用。织蟒缎、帛子、补子、金丝、缂丝、闪缎都有了生产与提高。此时女真人的手工业已经从农业中分离出来，成为独立的生产部门。纺织业很

---

❶宇文懋昭.大金国志·男女冠服：卷三十九。
❷宇文懋昭.大金国志：卷三。

发达，在嘉靖十年（1531 年）前后，卢琼在《东成见闻录》中说：建州女真是"乐住种，善纺织，饮食服用，皆如华人。"后来据朝鲜人李民寏叙述，努尔哈赤进入辽沈地区以前的情况是：女工所织，只有麻布，织锦刺绣，则为汉人所为做。万历六年（1578 年）在《抚顺关交易档册》记载的 21 次品目残缺的交易中，就有 13 次记载了麻布名目，表明女真人麻织业的发达情况❶。但渔猎经济仍然在社会经济的发展中起着重要的作用，这是由女真社会的经济发展特点所决定的。

图2-58　虎鹿百花纹样面料❷

❶李燕光, 关捷. 满族通史 [M]. 2 版. 沈阳 : 辽宁民族出版社 ,2001:108.
❷黄能馥, 陈娟娟. 中华历代服饰艺术 [M]. 北京 : 中国旅游出版社 ,1999:315.

二、清代时期的织染、刺绣工艺

清代染织比明代有了进一步的发展，以满族贵族为统治者的清朝政府在继承前朝的基础上，大力支持和发展染织技术。本部分内容主要介绍清朝统治下的染织行业的发展情况。在清代，染织可分为官营和民间两大类，清初各地设置织造局，大批染织工人被征集在官营工场。北京设有织染局，管理"缎纱染彩绣绘之事"。江宁（南京）、苏州、杭州设有织造官，管理生产，技术力量集中，产品达到精益求精的地步。对于民间机户官方则限制得很严，规定每户织机不超过百张，并施以重税，极大阻碍了民间纺织工业发展，后来废除了此项制度。乾嘉之际，苏杭等地出现了千架织机的大型工场，南京织机数量达三万架。此后，与纺织业有关的行业也发展起来，出现多种丝行、机店、梭店等。

清代时期，织染主要包括棉织、丝织、印染和刺绣等方面。自元代我国棉织工艺发展以后至清代，其进入了一个繁荣时期，清代棉织品种主要有松江布、紫花布和交织布。清代丝织种类丰富，有锦、缎、绸、纱、罗、绢、绉等。早期的丝织图案多用繁复的几何纹、小花朵作为装饰，风格古朴典雅；中期受欧洲巴洛克、洛可可的影响，风格艳丽豪华；晚期多用折枝花、大朵花，风格豪华明朗，清代丝织图案根据服用者的身份各有不同。清代印染在染料方面较前代有飞跃性发展，色彩品种丰富，更重视水色。清代刺绣继承明代艺术传统，并有极大发展，刺绣工艺形成了不同体系，分为苏绣、粤绣、蜀绣、湘绣和京绣。清代刺绣工艺如乾隆时期"三蓝绣"，只用蓝色深、中、浅三色绣出装饰花纹；道光时期"水墨绣"是利用仿墨色浓淡绣出水墨效果的一种工艺，是清代具有时代特色的特殊品种。❶

---

❶张树英，周传家．中国清代艺术史 [M].// 史仲文，胡晓林．中国全史：新编中国艺术史（下册）．北京：人民出版社，1995,207–208.

三、满族民间刺绣工艺

刺绣即绣花，是在织物上穿针引线构成图案色彩的手工艺术。服饰刺绣是在各种面料的服饰上，运用各种刺绣材料和针法，按设计好的位置和图案绣制出具有装饰效果的纹样。满族民间刺绣，俗称"针绣""扎花""绣花"，最初主要流行于满族人聚居的广大农村。居住在白山黑水之间的满族妇女十分擅长刺绣，以针代笔、以线代色。满族刺绣技法繁多，绣线色彩丰富。满族民间刺绣实用性很强，多用于枕头顶、幔帐套、虎头帽、门帘、幔帐、袖头、衣襟、鞋帮、荷包、童帽、围裙等日常生活用品。满族民间刺绣品具有强烈的北方民族特色、地域特色，造型夸张、粗犷、拙朴，情感真挚，色彩凝重艳丽、绚丽多姿、冷暖对比强烈，图案构图饱满，内涵丰富，色彩艳丽，具有朴实情感和吉祥如意的情调。本部分以满族枕顶绣为主要内容对满族民间刺绣工艺进行阐述。枕头顶刺绣在满族民间的生活中占有重要的位置，它体现了满族妇女在构图思想中的自然和率直，淳朴与热爱大自然的思想。枕顶绣技法以及丝线颜色的选择与搭配，显示了满族妇女高超的工艺技能和审美意识。枕头顶刺绣工艺的多种手法，使所绣图案呈现出不同的艺术效果。颜色冷暖兼容，搭配适度，选色洒脱自如，反映出满族妇女对色彩斑斓的现实生活的美好憧憬和向往。❶

1.平针绣

平针绣又叫"直针"，是刺绣最基本的针法之一，能准确表达植物花卉、动物禽兽、人物、器物等（图2-59）。在所有针法中，平针是分布最广、使用范围最大的针法。平针的运针方式是起针、落针都在图案的轮廓边缘，针脚排列均匀，线迹平行，不重叠交错。

2.辫绣

辫绣是指锁针针法的环圈纹单元结构，由绣线环圈锁

---

❶李宏复.枕顶绣的文化意蕴及象征符号研究[D].北京:中央民族大学,2004:47.

套而成，绣纹效果似一根锁链，结实、均匀，正面是环环相套的辫股形，背面像接针（图2-60）。辫绣是我国古老的传统针法，也是满族刺绣工艺与汉族刺绣工艺融合的一个例证。

3. 网绣

网绣是一种比较简单的刺绣针法，其绣制方法是：先在绣地上用绣线拉好菱形方格然后按照方格进行挑绣，每个单位的纹样均匀、对称，呈现出网状形式，网绣具有独特的纹理效果（图2-61）。

4. 纳纱绣

纳纱绣是按"纳"字，如同针线纳鞋底一样的"纳针"方法，专门在纱底儿上绣制花纹的一种工艺（图2-62、图2-63）。在每一个经纬交叉点上扣绕一针，构成纹样，正面和背面构成的线迹纹基本一致，是满族女红的典型针法。

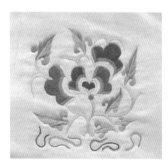 

图2-59 白缎平针绣富贵纹枕头顶　　图2-60 白缎辫绣花蝶戏荷枕头顶

图2-61 绿缎网绣福寿双全枕头顶

5.拽蜂

拽蜂即是在面料平地上绣制出立体的蝴蝶（图2-64）。由于绣工精细，找不出怎样连接绣制的地方，好像从布地子上拽出来的蜂，"拽蜂"得名是因古代称蝴蝶类为蜂。❶

6.戳纱绣

戳纱绣也叫"穿纱""纱绣"。以纱织物为地料，用色扣住纱孔即成，绣线在纱网眼间可做长短不同的扣绕纹，因受纱地组织的限制，花形状呈上下左右对称（图2-65）。

图2-63　纳纱花卉枕头顶

图2-62　纳纱绣钱袋子　　图2-64　黑缎拽蜂绣蝴蝶纹样梁祝化蝶枕头顶

❶李宏复.枕顶绣的文化意蕴及象征符号研究[D].北京：中央民族大学,2004:48.

图2-65　红缎几何纹样戳纱绣富贵吉祥枕头顶

7.拉锁绣

拉锁绣也叫"挽针""打倒籽""绕绣""打籽绣"，是专门用来绣制颗粒状物质的针法。这种绣法多用来绣制花蕊，既形象，又生动，具有很强的物象效果（图2-66）。

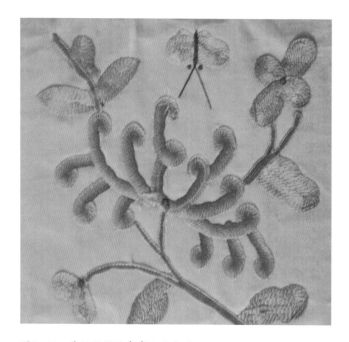

图2-66　黄缎拉锁绣事事如意枕头顶

8.画绣

画绣分为"帘绣"与"补花绣"两种。帘绣是在绘好的画面上加绣上一层稀疏的细线，增加一个层次，表面效果似画，似绣（图2-67）。补花绣是在绣好的纹样上加绘局部。

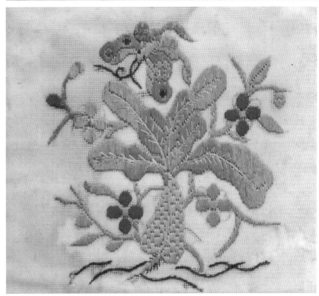

图2-67　白缎画绣花蝶庆春枕头顶

Chapter 03

第三章　满族服装与佩饰

　　本章节主要阐述满族服装的款式、材质以及所穿场合，揭示其在当时社会中的地位和作用，研究其彰显出来的文化意义。

第一节
满族宫廷服装

　　在中国社会发展进程中，满族及其先世在不同的区域空间内先后建立了三个政权国家——渤海国、金朝及清朝，本节主要阐述在这三个时期的宫廷服装。

　　粟末靺鞨建立的渤海国（698~926），是满族先祖建立的第一个民族政权，它为后来女真人建立的金朝、清朝打下了一定的基础，服饰更是影响深远。大祚荣建立渤海国以后，渤海国的社会不断发展，到9世纪初期成为"海东盛国"，这时渤海人的服装已与唐朝服装十分接近了。1980年发掘的渤海贞孝公主墓壁画（图3-1），展示了当时渤海人的穿着：身穿各色圆领长袍、腰束革带、足着靴或麻鞋。唯一与唐朝服饰不同的是头饰，即除了戴幞头外，还有梳高髻、扎抹额的男子，幞头的样式也与唐幞头略有不同。渤海国有百官的章服制度，规定三秩（相当于唐代三品）以上服紫、牙笏、金鱼；五秩以上服绯、牙笏、银鱼；六秩七秩服浅绯衣、八秩（九秩）绿衣、皆木笏。根据出土文物，渤海时期的佩饰也受到中原地区的影响，出现了珠宝金饰品，这为后来金朝、清朝的服饰制度奠定了基础。

图3-1 渤海贞孝公主墓壁画❶

　　金朝为满族先祖女真族所建立，于公元1115年建国，1234年被蒙古所灭，前后经历了117年。金朝初期社会生产力低下，社会经济实力薄弱，所着服饰比较简朴，也没有形成一定的服饰制度。同时在金朝初期女真族统治者为了维护其统治，令女真族人南迁，与汉族人杂居，强制其他各族人改穿女真人服装，削去头发，头戴短巾，穿左衽服装（图3-2）。女真人进入燕地后，开始模仿辽代分南、北官制，注重服饰礼仪制度。进入黄河流域后，吸取宋朝宫中的法物、仪仗等，从此衣服锦绣，一改过去的朴实，参照宋代服制，把原有的服饰做了部分修改。据《金史·熙宗本纪》记载，天眷三年（1140年）定冠服之制，上自皇帝的冕服、朝服，皇后的冠服，下至百官的朝服、常服等都做了详细的规定。皇统七年（1147年）定诸臣祭服；世宗大定三年（1163年）定公服之制，服制规定："皇帝服通天、绛纱、衮冕、偪舄，即前代之遗制也"。官僚朝服，"其臣有貂禅法服，即所谓朝服者"。章宗时，"参酌汉、唐，更制祭服，青衣朱裳，去貂禅竖笔，以别于朝服"。❷百官参加朝会则依品级，分别着紫、绯、绿三种服色，五

❶王永强,史卫民,谢建猷.中国少数民族文化史图典：东北卷[M].南宁：广西教育出版社,1999:57.
❷脱脱.金史·舆服志：卷四十三[M].北京：中华书局,1975:975—976.

品以上服紫，六品、七品服绯，八品、九品服绿，公服下加襕。文官加佩金、银鱼袋；金朝卫士、仪仗头戴幞头（图3-3），形式有双凤幞头、间金花交脚幞头、金花幞头、拳脚幞头和素幞头等。在金代官服、仪卫中，多见各式黑色罗纱幞头，金国王墓中出土的服饰中就有皂罗垂脚幞头（图3-4）。

　　清朝是中国封建专制制度发展的鼎盛时期，上承明朝中晚期封建社会强劲发展，专制主义中央集权急剧加强，经济领域出现崭新的资本主义萌芽，下接中国封建专制制度全面巅峰之后的社会转型。清代服饰以浓郁的满族民族特色和独特的装饰风格，曾经盛行近三百年时间，并对近现代服饰发展起着举足轻重的作用，它是我国服饰发展史的一个重要历史阶段。从整个服装发展的历史来看，清代服饰的形制在中国历史服饰中最为庞杂、繁缛，条文规章也多于以往任何一代，是中国服饰沉淀、固化的时期。清

图3-2　金代贵族服饰❶：左衽窄袖袍、长裙穿戴展示图（根据出土砖雕、陶俑复原绘制）

图3-3　河南焦作金墓壁画❷（戴凤翅垂角幞头，盘领窄袖袍，腰系抱肚，束革带，着乌皮靴）

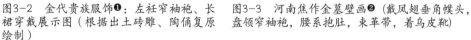

❶上海市戏曲学校中国服装史研究组 . 中国历代服饰 [M]. 上海 : 学林出版社 ,1984:210.
❷河南省博物馆 , 焦作市博物馆 . 河南焦作金墓发掘简报 [J]. 文物 ,1979(8):18-19.

代服饰制度主要指由满族贵族建立起来的清王朝统治者，包括皇帝、皇后、王公大臣等在不同场合、不同环境中所穿用的服饰。因其服饰制度的制定是以统治者的主导思想为主，而清代统治者又是以满族贵族为主体，因此清代的上层服饰可以说是以满族服饰为主要特点，融入了汉族（主要是明代的服饰）及其他民族（以蒙古族为主）的服饰元素而建立的服饰制度，是封建服饰制度融汇、创新与发展的阶段。清代服饰制度的确立，有一个逐步发展和完善的历史过程，从 17 世纪初叶开始（天命元年），至 18 世纪中叶（乾隆三十一年），《皇朝礼器图》校勘完成，整整花费了 150 年时间，历经天命、天聪、崇德、顺治、康熙、雍正、乾隆等朝，经过六位皇帝的不懈努力才算大功告成。清代服饰制度的基本原则是按等级划分，体现出封建社会君臣有别、贵贱分明，同时也是封建制度下的等级制度在服饰上的一种体现。

按照清代冠服的分类，可将服装分为袍、服、褂、裙裳四个类别，这些服装在结构上明显区别于前代宽衣大袖的形制，它体现了满族游猎民族的特点，但同时也有沿袭明朝及前代的服装风格。清代距离现代时间不算久远，文献典籍保存得比较好。清代宫廷服饰是礼节规矩多、规格高、规定繁重的部分，因此，本节将不一一列举出来，仅选出几类具有代表性的服装从款式、面料等方面进行阐述。

图3-4　皂罗垂脚幞头后面❶

一、袍

袍是北方民族传统的服饰之一，它改变了中原汉族长期以来上衣下裳的服装形制，袍的设计更符合北方民族生产和生活的需要（图 3-5、图 3-6）。清代的袍服主要包括朝袍、朝服、吉服袍、龙袍、蟒袍、常服袍和行服袍，主要区别在于穿着场合不同（表 3-1）。

---

❶黑龙江省阿城市 1988 年 5 月金齐国王墓出土的实物。

图3-5 康熙用蓝缎织彩云金龙纹皮朝袍❶　　　图3-6 清早期黄缎织八团金龙纹绵龙袍❷

表3-1 袍

名称		款式/形制	面料/用料	穿着场合	特点
朝袍	男	圆领、马蹄袖、披领、紧身、窄袖、右衽	单、夹、棉、皮	朝会、祭祀	无接袖
	女				两袖有接袖
吉服袍	男	圆领、马蹄袖、上衣下裳相连属的右衽窄袖紧身直身袍	棉、夹、纱、裘	嘉礼、吉礼、军礼活动	宗室服装皆为前后左右四开裾，其余文武官员均为前后两开裾
	女		绸、缎、缂丝、纱，有单、夹、棉、裘		女吉服袍有接袖，男吉服袍皆无接袖
常服袍		圆领、马蹄袖、上衣下裳相连属的右衽、窄袖、紧身直身袍	暗花织物为面料，有棉、夹、单、裘	最常穿的一种袍	宗室服装为四开裾，其余皆为两开裾
行服袍		圆领、马蹄袖、上衣下裳相连属的右衽、紧身、窄袖直身袍	棉、夹、单、裘	君臣在巡幸、大狩、出征等活动时所穿	又称"缺襟袍"

二、服

服包括端罩（图3-7）、衮服、补服（图3-8）、雨

❶张琼.清代宫廷服饰[M].上海：上海科学技术出版社，香港：商务印书馆,2006:16.
❷张琼.清代宫廷服饰[M].上海：上海科学技术出版社，香港：商务印书馆,2006:58.

服四种（表3-2），清朝时期的褂包括朝褂、吉服褂、常
服褂和行服褂，褂是朝会、祭祀之时穿的一种礼褂，其形
制为圆领、对襟、无袖大褂襕。

图3-7　黄色暗团龙纹江绸玄狐皮端罩❶

图3-8　清五品文官着补服像❷

表3-2　服

名称	款式/形制	面料/用料	穿着场合	特点
端罩	圆领、无领、平袖过肘，衣长及膝，左右各垂两条带子，下端宽而锐	裘皮面、缎里	冬季罩在龙袍或蟒袍之外	平袖过肘、宗室服四开裾、臣均为两开裾
衮服		棉、夹、纱、绸	祭圆丘、祈谷、祈雨时所穿	在汉族固有的衮服的基础上而加以改变
补服	前后各缀有一块补子，圆领、对襟、平袖、袖与肘齐，衣长至膝下（比袍短一尺许），门襟有5颗纽子的石青色宽松式外衣	缎	由于穿用场所和时间较多，是清代文武大臣和百官的重要官服	用装饰于前胸和后背的"补子"的不同纹饰来区别官位高低，即两块绣有文禽和猛兽的纹饰，亲王以上用圆补，文武百官用方补
雨服	对襟、袖端平，加有立领，其长皆如其袍	单、夹、毡、羽纱、羽缎、油绸	朝会、祭祀、巡幸、大狩、出征等一切聚集活动时，所穿的一种用来防雨雪的服饰	沿袭明代的雨衣制度，出现了立领

❶张琼.清代宫廷服饰[M].上海：上海科学技术出版社,香港：商务印书馆,2006:50.
❷常沙娜.中国织绣服饰全集：第四卷：历代服饰卷（下）[M].天津：天津人民美术出版社,2004:313.

第二节
满族宫廷佩饰

　　挹娄是古代肃慎族的后裔，其服饰和发式习俗有着明显的历史传承。《后汉书·挹娄传》记载："有五谷、麻布，出赤玉，好貂"，赤玉是挹娄人用来做装饰品的。靺鞨时期则用野猪牙、野鸡的尾插在头上作为一种装饰品。《新唐书·黑水靺鞨》记载："俗编发，缀野豕牙，插雉尾为冠饰，自别于诸部"。粟末靺鞨建立的渤海国是满族先祖建立的第一个民族政权，它为后来女真人建立的金朝、清朝打下了一定的基础，服装与佩饰更是深受其影响。根据出土文物，渤海时期的佩饰也受到中原地区的影响，出现了珠宝金饰品（图3-9）。金代女真人将两耳垂金、银环（图3-10）作为装饰。

　　金代男子佩饰主要有带、巾、靴。带也称吐鹘，是金代男子袍服的腰间束带（图3-11），带上镶嵌的饰物等级为玉、金、犀象、骨角（图3-12）。山西繁峙县金墓壁画的人物形象中有一男像端坐，身着圆领官绣袍，腰系玉带。河南焦作金墓出土的砖雕俑服饰形制上均为袍服佩带；巾又称幞头，是金代男子常服的形制。巾用皂罗若纱做成，上结方顶，折重于后，沿袭宋代的形制；靴是金代人所穿的鞋履，形制为乌皮靴。在反映金代服饰制度的史料中，亚沟摩崖石刻、山西岩山寺金墓壁画、金代张瑀所作《文姬归汉图》中的人物形象中都有穿乌皮靴的遗迹。金代妇人大多喜爱金和珠玉首饰，常戴羔皮帽，一般妇人首饰不许用珠翠钿子等物。

　　清代宫廷佩饰具有原料复杂的特点，有俯拾皆是的竹、木、藤，有羽毛、兽骨，有海贝、珊瑚等海生物，有皮毛、布帛和丝绸，还有金、银、铜、铁、玉石、珍珠、琥珀、玛瑙、翡翠等。

图3-9　靺鞨－渤海墓葬出土的玛瑙金项饰❶（由266颗玛瑙珠和6根金管串成，四角金钱里刻精致花纹，中央镶珠玉）

图3-10　靺鞨－渤海墓葬出土的金耳坠❷

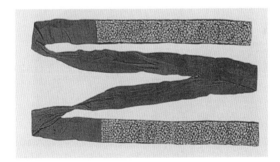

图3-11　金浅棕色印金罗腰带❸

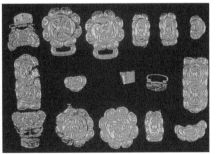

图3-12　金盘花金带铐❸

---

❶王永强,史卫民,谢建猷.中国少数民族文化史图典：东北卷 [M]. 南宁：广西教育出版社,1999:32.
❷王永强,史卫民,谢建猷.中国少数民族文化史图典：东北卷 [M]. 南宁：广西教育出版社,1999:33.
❸陈高华.中国服饰通史 [M]. 宁波：宁波出版社,2002:51.

一、头饰

头饰是指整个头部的装饰，它在各民族的首饰中又是最主要、最丰富的部分，同时也是最有特色的部分，清代头饰具有鲜明民族特征（图3-13～图3-16），本章节阐述的内容主要包括耳饰、金约、钿子、顶戴和翎子。

耳饰是头饰的重要组成部分，也是满族佩饰的标志之一。清代的耳饰主要包括耳坠、耳环。"以金属为主体材料制成的环形耳饰被称为耳环。耳坠是在耳环基础上演变而来的一种饰物，它的上半部分是圆形耳环，耳环下再悬

图3-13　慈安太后便服像❶

图3-14　嵌珠翠花蝶耳挖钗❷

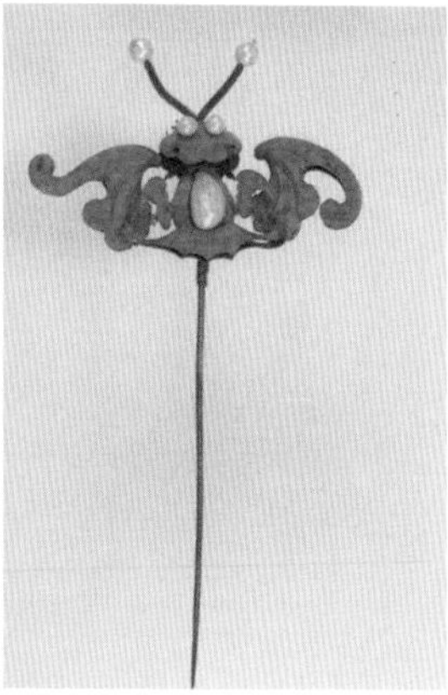

图3-15　银点翠嵌珍珠
蝙蝠簪❸

图3-16　银扁方❹

---

❶朱诚如.清史图典·咸丰同治朝：第十册 [M].北京：紫禁城出版社,2002:136.
❷"国立"故宫博物院编辑委员会.清代服饰展览图录 [M].台北："国立"故宫博物院,1986:183.
❸"国立"故宫博物院编辑委员会.清代服饰展览图录 [M].台北："国立"故宫博物院,1986:181.
❹吉林伊通满族博物馆藏品（作者拍摄）。

挂一枚或多组坠子。"❶清代上至皇太后下至七品命妇，皆左右耳各戴三具耳坠，俗称"一耳三钳"（图3-17），所谓"一耳三钳"就是在每只耳朵由上至下扎三个耳眼。上至皇太后下至七品命妇佩戴的耳饰，皆为三具纵向排列，清代官定的耳饰以每具衔东珠的等级、每具的饰物为区别的标志。皇后、皇太后耳饰左右各三具，每具金龙（饰金鏒丝龙头）衔一等东珠各两颗。皇贵妃耳饰用二等东珠，余同皇后；妃耳饰用三等东珠；嫔耳饰用四等东珠。皇子福晋耳饰不用金龙衔东珠，而用金云衔珠每具各两个。其余贵族女子耳饰均与皇子福晋耳饰相同。东珠的等级按大小及光润度而分。到了清朝中后期，这种"一耳三钳"的习俗出现了变化，形式由"一耳三钳"逐渐演变成"一耳一钳"或"一耳三环"，即在每只耳朵上扎一个耳眼，变化的部分在耳饰的形式上。乾隆帝曾说："旗妇一耳带三钳，原系满洲旧风，断不可改饰"，但是任何人都阻挡不了历史向前发展的必然趋势。我们从故宫旧藏绘画中可以看出满族耳饰发展变化的过程，究其原因是受明朝及其他民族风俗的影响。在历史上民族间的相互融合是顺应自然地产生和发展的，它是由历史发展的必然性所决定的，而不是任何人的主观愿望所能左右的。各民族历史都是在不断变化着的，各民族本身也是在不断变化着的，它们都是受变化的法则所支配。❶

　　金约是清代后妃至命妇穿朝服时，佩戴在朝服冠下檐处的一种圆形类似发卡的装饰品，其上饰以不同数量的珠宝，以此作为区别身份、地位的标志（图3-18）。金约以镂金云的数目、其上的饰物，其后系的结的不同规定来区分等级。皇后金约"镂金云十三，饰东珠各一，间以青金石，红片金里。后系金衔绿松石结，贯珠下垂，凡东珠三百二十四，五行三就，每行大珍珠一。中间金衔青金石结二，每具饰东珠、珍珠各八，末缀珊瑚。"❸皇贵妃金约"镂

图3-17　孝昭仁皇后的"一耳三钳"❷

❶曾慧 . 满族服饰文化变迁研究 [D]. 北京 : 中央民族大学 ,2008:84.

❷朱诚如 . 清史图典・康熙朝（上）: 第三册 [M]. 北京 : 紫禁城出版社 ,2002:181.

❸清会典事例（光绪朝）: 第四册 : 卷 326[M]. 北京 : 中华书局影印 ,858-859.

金云十二，饰东珠各一，间以珊瑚，红片金里。后系金衔
绿松石结，贯珠下垂，凡珍珠二百有四，三行三就。中间
金衔青金石结二，每具饰东珠、珍珠各六，末缀珊瑚。"❶
不论是皇太后还是七品命妇佩戴的金约，皆以红色片金织
物为里，垂珠于颈后。❷

　　满族八旗贵族妇女，平日梳旗头，穿朝服时戴朝冠，
穿吉服时戴吉服冠。还有一种类似冠的头饰，是在穿彩服
时戴的，叫作钿子。钿子是一种以珠翠为饰的彩冠，前如
凤冠，后如簸箕形，上穹下广，以铁丝或藤作胎骨，制成
骨架，网以皂纱、黑绸、线网，或以黑绒及缎条罩之。前
后均以点翠珠石为饰，佐以绫绒、绢花和各类时令鲜花，
戴在头上时顶往后倾斜。钿有凤钿、常服钿两种。凤钿材
质有金、玉、红、蓝宝石、珍珠、珊瑚、琥珀、玛瑙、绿
松石、翠羽等。钿花当时又称为面簪，形式有双龙戏珠、
葵花、菊花、花卉蝴蝶、花卉蝙蝠、翔凤、如意云头等，
常以点翠为底。有些钿子还用珍珠流苏作垂饰，前后衔一
排或数排流苏；前面的流苏可垂至眼前，后面的可垂至背
部，这种带流苏的钿子就是"凤钿"（图 3-19）。其他均
为常服钿子，满饰或半饰。钿子实为明代遗存的冠饰。❸

　　顶戴是清朝官服制度中特有的一种标志品序的方法，
是清朝有别于以往任何朝代的佩饰之一。顶戴俗称"顶子"，
是清朝有官爵者所戴冠顶镶嵌的宝石。按照清代服饰制度
的规定，清朝从皇帝到各级官员，无论是穿礼服、吉服或
是常服，都要在所戴朝冠或吉服冠的冠顶之上镶嵌各色宝
石和素金，用来表示本人的品官等级，以辨等威。顶子的
原料以宝石为主，颜色有红、蓝、白、金等，不同的材料
和颜色是区别官职的重要标志（图 3-20、图 3-21）。

图3-18　金嵌青金石金约❹

❶清会典事例（光绪朝）：第四册：卷 326[M]. 北京：中华书局影印 ,860.
❷曾慧 . 满族服饰文化变迁研究 [D]. 北京：中央民族大学 ,2008:85.
❸曾慧 . 满族服饰文化变迁研究 [D]. 北京：中央民族大学 ,2008:86.
❹ "国立"故宫博物院编辑委员会 . 清代服饰展览图录 [M]. 台北："国立"故宫博物院 ,1986:144.

图3-19　金累丝嵌珠五凤钿子❶

图3-20　清代三品文官❷（头戴
蓝宝石顶子朝冠）

图3-21　帽顶❸（依次为皇帝吉服冠顶、文武一品吉服冠顶、料石帽顶）

　　清代的翎子分为花翎和蓝翎，花翎是用孔雀的翎毛制
成的，俗称孔雀翎，翎尾端有像眼睛而极灿烂鲜明的一圈
斑纹，叫作眼。有单眼、双眼、三眼花翎之别，以三眼为
最贵，没有眼的叫蓝翎。翎子插在翎管内，翎管长约两寸❹，

---

❶常沙娜.中国织绣服饰全集：第四卷：历代服饰卷（下）[M].天津：天津人民美术出版社,2004:468.
❷常沙娜.中国织绣服饰全集：第四卷：历代服饰卷（下）[M].天津：天津人民美术出版社,2004:313.
❸"国立"故宫博物院编辑委员会.清代服饰展览图录[M].台北："国立"故宫博物院,1986:104-106.
❹1尺=33厘米,1尺=10寸,1寸=3.3厘米。

是用白玉、珐琅或翡翠做的，借此安装翎子。贝子戴三眼孔雀翎；镇国公、辅国公、和硕额驸戴二眼花翎；内大臣，一等、二等、三等侍卫，前锋、护军统领，前锋、护军参领，诸王府长史，一等护卫戴一眼花翎；贝勒府司仪长、王府、贝勒府二、三等护卫等戴蓝翎等；各省驻防之将军、副都统并督抚、提镇蒙赐者只戴一眼花翎。所以能戴花翎者，一是有爵位者；二是皇帝的近侍和王府护卫人员；三是禁卫于京城内外的武职营官；四是有军功者；五是特赐者。例如，亲王、郡王、贝勒都不戴花翎，只有在领兵及随围时可以戴，但在正式典礼时仍不戴。在清朝初期，花翎极为贵重（图3-22），很少有汉人和外任大臣插戴，随着时间的推移，凡有军功文绩的人，几乎都能得到赏赐戴花翎的待遇，如在后期的汉人中，李鸿章曾被赏戴三眼花翎，并曾得赐服方龙补服。曾国藩、曾国荃、左宗棠也曾被赏戴双眼花翎。道光以后，这种礼仪不甚严格，与花钱捐官相适应，也可花钱买花翎、蓝翎，甚至可以随意置戴。❶

图3-22　铁保像❷（头戴顶戴花翎）

---

❶曾慧.满族服饰文化变迁研究 [D].北京：中央民族大学,2008:88.
❷朱诚如.清史图典·嘉庆朝：第八册 [M].北京：紫禁城出版社,2002:155.

二、项饰

项饰也称颈饰，是指挂在脖子上的装饰品。清代的项饰主要有挂珠、领约两种。清代的挂珠分为朝服珠、吉服珠、常服珠。朝服珠是清代帝后、大臣在穿朝服时所佩戴的串珠（图3-23），是我国古代王公贵族佩玉的沿袭。清代的朝珠起源于佛教的数珠。朝珠多用东珠、蜜珀、珊瑚、绿松石、青金石、奇楠香、菩提子等料加工而成，其中东珠最贵，珊瑚次之。无论男女，其所佩戴的朝珠，每盘皆108颗珠，挂在颈上，垂于胸前。其上有4颗大珠叫"佛头"，又叫分珠，把108颗珠均分成四份，象征一年有四季，十二个月，二十四节气，七十二候。垂于颈后正中的那颗"佛头"之下，用绦子串着垂于背后的叫作"背云"，"背云"下为坠。朝珠两侧有3串小珠，每串各10颗小珠，名为"纪念"，象征1个月有30天，为上中下三旬，每串代表一旬。

图3-23 绿松石朝珠❶

---

❶ "国立"故宫博物院编辑委员会.清代服饰展览图录[M].台北："国立"故宫博物院,1986:129.

在清代，什么人应佩戴何种质地的朝珠及其朝珠的佩戴方法等均有着严格的规定。男朝珠，不论皇帝还是文武百官，皆为1盘（图3-24）。皇太后、皇后的朝珠，皆为东珠1串，珊瑚2串。中以三等东珠正挂，左右以珊瑚朝珠斜交插挂。其佛头、纪念、背云及大小坠皆以珠宝为之。皇贵妃、贵妃、妃的朝珠，均为蜜珀1串，珊瑚2串。中间用三等蜜珀正挂，左右以珊瑚朝珠斜交插挂。其佛头、纪念、背云及大小坠皆以珠宝为杂饰。嫔、亲王福晋、亲王世子福晋、固伦公主、和硕公主、郡王福晋、郡主、县主及贝勒夫人以下至乡君的朝珠，皆为珊瑚1串，蜜珀2串。中为珊瑚正挂，左右为蜜珀斜交插挂。嫔的朝珠的佛头、纪念、背云的大小坠也以珠宝为杂饰，余者均以杂饰为宜。民公侯伯夫人下至五品命妇的朝珠也为3盘，珊瑚、青金石、绿松石、蜜珀质地的朝珠随其所用。其佛头、纪念、背云的大小坠全以杂饰为宜。在清代，不仅朝珠的质地因身份不同而各异，就连串珠用的绦，也因身份的不同而有所区别，绦的颜色主要有明黄色、金黄色和石青色之分。

图3-24　嘉庆帝朝服像❶（胸前挂一串朝珠）

---

❶ 朱诚如.清史图典·嘉庆朝：第八册 [M].北京：紫禁城出版社，2002:5.

吉服珠是清代帝后、王公大臣在穿吉服时所佩戴的串珠。其制度与朝服珠不同，男女皆为一串，为正中正挂。帝后大臣的吉服朝珠的用料及颗数，与各自的朝服珠相同。挂珠的绦所用的颜色分为明黄色、金黄色和石青色三种。常服珠是君臣在穿常服时所戴的素珠。君臣的常服珠，其制度皆与各自的吉服珠相同。

领约是清代后妃至命妇穿朝服之时，佩戴在朝袍披领之上的一种圆形类似项圈的装饰品（图3-25），其上饰以不同的珠宝及垂不同颜色的绦以示区别，如皇贵妃领约"镂金为之，饰东珠七。间以珊瑚，两端垂明黄绦二，中各贯珊瑚，末缀珊瑚各二。"❶佩戴领约时，不论皇后还是七品命妇，均两端朝后戴之，绦垂于颈后（图3-26）。

图3-25　金点翠嵌珊瑚领约❷　　图3-26　孝贤纯皇后像❸（头戴金约，颈戴领约）

❶清会典事例·光绪朝：第四册：卷326[M].北京：中华书局影印,860.
❷ "国立"故宫博物院编辑委员会.清代服饰展览图录[M].台北："国立"故宫博物院,1986:145.
❸朱诚如.清史图典·乾隆朝（上）：第六册[M].北京：紫禁城出版社,2002:7.

三、胸腰饰

清代宫廷的胸腰饰包括胸饰和腰饰，胸饰主要以彩帨为主（图3-27）。彩帨是清代后妃至命妇穿朝服之时，挂在朝褂的第二个纽扣上垂于胸前的长条巾式饰物，是一种装饰品，长约1米上下，上窄下宽，上端有挂钩和东珠或玉环，挂钩可将彩帨挂在朝褂上，环的下面有丝绦数根，可以挂箴（针）管、鞶帨即小袋子之类，下端呈尖角形的长条，它以色彩及有无纹绣来区分等级（图3-28）。彩帨是以不同颜色的绸做成的，形状有些似领带。根据佩戴者的身份、地位的不同，上面有的绣制花纹，有的则不绣制花纹，花纹用色及绦的颜色也不相同。

图3-27 蓝绸彩绣　图3-28 孝贤纯皇后像❷（胸前佩戴彩帨）
花蝶彩帨❶

---

❶ "国立"故宫博物院编辑委员会.清代服饰展览图录[M].台北："国立"故宫博物院,1986:148.
❷ 朱诚如.清史图典·乾隆朝（上）:第六册[M].北京:紫禁城出版社,2002:7.

　　腰饰也是装饰部位之一，它位于人体的中间部位，起到承上启下的作用。因此腰饰本身就成为既实用又有装饰意义的服饰佩物，人们常要对其加以精心制作。腰饰以腰带为主，此外由于腰带所处的特殊位置，人们又往往把它作为一种工具，在上面悬挂生产生活中常用的器物和各种装饰品。在清代，腰饰的实用功能已经消失，而是作为一种象征，一个符号，身份和地位、财富与职位的标志。清代宫廷佩饰中的腰饰主要有朝服带、吉服带、常服带、行服带之分。朝服带是君臣穿朝服时所系的腰带，由于系带人的身份、地位不同，其所系朝带的制度也不尽相同。皇帝的朝带制度有两种，其余王公、文武百官等的朝带制度皆为一种。君臣的朝带相同之处为佩帉皆下宽而尖，佩囊文绣，左锥右刀。不同之处在于朝带上的版、版饰、朝带的颜色及其饰件和绦的种类、颜色，并以此来分等级、辨名分。在清代只有男子才有吉服带，是君臣在穿吉服时所系的腰带（图3-29）。不论皇帝还是文武百官，其吉服带制度皆为一种。但由于所系人的身份、地位各不相同，其所系的吉服带的用色、饰版及版上所饰的珠宝等不尽相同。皇帝的吉服带颜色为明黄，在明黄色腰带上饰镂金版4个，其版方圆随所欲，版上衔以珠玉杂宝等。腰带左右的佩帉均为纯白色，下直而齐。带帉上的中约金结，饰如版。皇子、亲王以下所有宗室人员的吉服带为金黄色，在金黄色腰带上饰以版饰，版饰方圆随所用。佩、绦之色亦如带色，带帉下直而齐。觉罗的吉服带为红色，在红色腰带上饰以版饰，佩、绦皆为石青色。和硕额驸以下各额驸及民公、侯、伯、子、文武百官的吉服带为石青色或蓝色，其上有版饰，其佩帉亦下直而齐。君臣的吉服带除以上的规定之外，余制与各自的朝服带相同。常服带是穿常服时所系的腰带，君臣的常服带，其制度皆与各自的吉服带相同。行服带是清代君臣在穿行服时所系的腰带，其制不论皇帝还是王公大臣均为一种。皇帝的行服带有明黄色，左右用红香牛皮佩系，其上饰金花纹，各镶3银钚。佩帉以高丽布制成，比常服带佩帉微阔而短，中约以香牛色束之，上缀银花纹。

佩囊也为明黄色。圆绦其上皆饰以珊瑚结，饰以削燧杂佩。亲王以下至文武百官的行服带，用色皆如其各自的吉服带，带上皆有版饰（图 3-30）。其佩帉皆用素布做成，比常服带微阔而短。绦上均饰以圆结，佩囊之色视其吉服带而定，饰以削燧杂佩。行服带和其他腰带一样，不能独立使用。

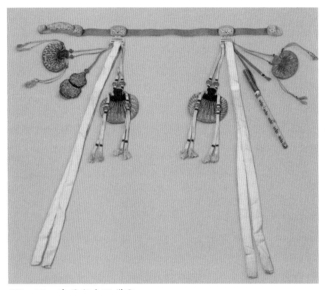

图3-29 清早期吉服带❶

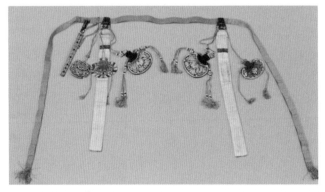

图3-30 行服带❷

---

❶张琼.清代宫廷服饰 [M].上海：上海科学技术出版社，香港：商务印书馆，2006:263.
❷张琼.清代宫廷服饰 [M].上海：上海科学技术出版社，香港：商务印书馆，2006:267.

四、足饰

清代足饰也是最有民族特色的佩饰之一，因本部分主要研究清朝政府规定的服饰制度的内容，所以女旗鞋部分将放在后面进行阐述，这里介绍的是清代男子官员的靴鞋。朝靴是清代君臣于朝会、祭祀、奏事等时所穿的长筒鞋（图3-31）。靴本是胡履，原为我国北方游牧民族所穿的便于乘骑跋涉的皮制履。天聪六年(1632年)规定，平常人不准穿靴，其后则文武百官及士庶都可以穿，只有平民则仍不能穿，伶人、仆从等也不能穿靴。明清两代的靴已被朝廷规定为文武百官入朝奏事所必服的服饰，所以被称为"朝靴"。清代靴沿袭明制，有尖头式和方头式。靴之材料，夏秋用缎（图3-32），冬则用绒，其上镶有绿色皮边，有三年丧者则用布。在清代，根据靴底的薄厚和穿着的灵便程度将朝靴分为官靴和官快靴两种，官靴底厚靿长，多为方形头，用于君臣朝会之时，取其行走安稳。官快靴则底薄靿短，尖头式居多，用于平时日常生活，取其行走灵便快捷。靴色有黄色和青色两种，皇帝用黄色和青色两种，皇子以下文武百官皆用青色一种。

图3-31　皇太极皂靴❶
（以皮制成）

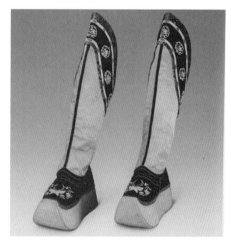

图3-32　明黄色凤凰纹平金缎靴❷（后妃
所用）

---

❶张琼 . 清代宫廷服饰 [M]. 上海：上海科学技术出版社，香港：商务印书馆,2006:269.
❷张琼 . 清代宫廷服饰 [M]. 上海：上海科学技术出版社，香港：商务印书馆,2006:272.

第三节
满族民间服装

一、满族先祖时期的服装

满族作为一个新生的民族，并不完全等同于他们的先祖，她是从肃慎到女真，经过多次分化与融合形成的民族，相近的生产和生活方式使满族继承了其先祖的文化传统。满族服装与女真人的服装一脉相承，与肃慎到女真这一时期的服装文化也有着千丝万缕的联系，但又不等同于女真时期的服饰文化。她不仅继承了女真服装文化，且在满族历史发展的进程中不断丰富和变化着。在满族服装文化中可以找到许多从他们先祖那里继承下来的痕迹。

满族先祖有火葬的习俗，加之在金代以前满族作为少数民族存在，年代距今过于遥远，服装尤其是织物质料远不及陶器、铜器那样久存不朽，相对来讲资料比较少，只得借助于器皿纹饰、文献中的只言片语等资料以及依据他们当时的社会性质、社会经济、政治、与中原的往来、社会生产与风俗、同期的中原服装的发展等方面来研究它的发展轨迹。

满族先祖肃慎人，是东北地区最早见于我国古代文献记载的古老民族，《竹书纪年·五帝纪》载："肃慎者，虞夏以来东北大国也"，她也是和中原华夏族发生联系最早的东北地区的民族，在舜、禹时代就和中原王朝建立了联系。"帝舜二十五年（约公元前22世纪）息慎氏来朝，贡弓矢。"《大戴礼记·卷七·五帝纪》载："宰我曰：'请问帝舜？'孔子曰：'……举贤而天下平，南抚交趾、大敖、鲜支、渠搜、氐、羌，北山戎、发、息慎（郑玄曰：息慎，或谓之肃慎，东北夷），东长，鸟夷，羽民'。"南抚交趾、大敖、鲜支、渠搜、氐、羌，北山戎、发、息慎，东长，鸟夷，羽民"❶这些记载表明早在四千多年前的虞舜时代，肃慎已和中原建立了"入贡"和"来服"的关系。《吉林西团山石棺发掘报告》❷中说明了父系氏族社会的稍晚一些时期，肃慎人已经有了原始农业，家畜饲养已相当发达。男女有了分工，妇女主要从事纺织、家务及一部分农业劳动，男子则主要从事狩猎和捕鱼等艰苦的生产活动。他们以氏族为单位，住在长方形半地穴式的房屋内。在满族先人肃慎时期，由于生产力水平低下，且受地理位置和生活环境的影响，服装只是起到遮体护身的作用，人们依社会生产方式来获得服装材料，服装形制也比较简单。在远古时代，肃慎人以狩猎、驯养动物而获得了大量的猪皮、猪毛、貂皮、兽皮等，这些成为他们创制服装的原材料。黑龙江省宁安市的莺歌岭文化是古肃慎文化，莺歌岭遗址是文献中最早记录的中国北方肃慎人繁衍生息所在地。莺歌岭遗址中的出土实物生动展现了先秦几千年北方肃慎人的生产、生活情形。从莺歌岭文化遗址出土的陶猪（图3-33）形态看，当时的猪处于野猪到家养猪之间的过渡阶段，说明那时候肃慎人不仅狩猎、捕鱼，饲养猪也已成为重要的生产内容，这就表明莺歌岭上层文化时期的古代人们已进

---

❶司马迁.史记：卷一·五帝本纪[M].北京：中华书局,1959:43.
❷东北发掘团.吉林西团山石棺墓发掘报告[J].考古学报,1964(1):29-49,140-149.

图3-33　陶猪(莺歌岭遗址出土的肃慎人遗物)❶

行了动物饲养。猪是当时普遍饲养的家畜之一，猪的普遍饲养为服装提供了大量的原材料。

在裁剪缝纫的服装出现之前，肃慎人的夏季服装是人们就地取材，故围披野兽的皮毛，故围披皮毛就是古代服装的形制。肃慎人用猪皮做衣服，以御风寒，且已懂得用（猪）毛来织布，用经尺余的布来遮蔽前后。"肃慎人，无牛羊，多畜猪，食其肉，衣其皮，绩毛以为布。有树名雒常，若中国有圣帝代立，则其木生皮可衣"；"俗皆编发，以布作襜，经尺余，以蔽前后"。❷ "夏则裸袒，以尺布蔽其前后"。❸ 到了后期，肃慎人已经有了最初的手工纺织技术，能将毛皮纺成线，织成布，皮毛以猪皮和貂皮为主。左衽是肃慎时期服装的特点之一，史料记载中原地区称胡服皆左衽。由于肃慎人居住在寒冷的东北地区，肃慎人冬季服装的目的就是保暖，他们用厚厚的猪油涂在身上抵御寒冷，穿皮衣、戴皮帽是肃慎人依自然条件而形成的穿着习惯。

挹娄是古代肃慎族的后裔，其服装有着明显的历史传承痕迹。范晔的《后汉书》记载："挹娄，古代肃慎之国

❶王永强，史卫民，谢建猷.中国少数民族文化史图典：东北卷 [M]. 南宁：广西教育出版社,1999:28-29.
❷房玄龄. 晋书：卷九十七 [M]. 北京：中华书局,1974:2535.
❸范晔. 后汉书：卷八十五 [M]. 李贤，等，注. 北京：中华书局,1965:2813.

也……有五谷、麻布，出赤玉、好貂……好养豕、食其肉，衣其皮。冬以豕膏涂身，厚数分，以御风寒，夏则裸袒，以尺布蔽其前后"，挹娄人已经会用麻来织布，但普遍的还是用猪皮做衣服。好貂皮主要用来做衣服，冬天御风寒依然是用猪油涂身，夏天基本上是裸体的，承袭了肃慎人的习俗。"以尺布蔽其前后"，这里已有了遮羞的意味。由此可见，其服装形制还是很原始的。挹娄时期出现了麻布，人们穿麻皮衣服，面料由皮毛发展为麻布，虽然数量少，但说明挹娄人不仅掌握了早期的毛纺织技术，还学会了将植物纤维纺织成布的技术。貂皮的加工技术有了进一步发展，"挹娄貂"已成为中原地区备受欢迎的一种进贡物品。挹娄时期，裘衣种类很多，贵贱不一。最有价值的是貂狐，羊鹿皮为最贱。服装的款式形制不详，应与肃慎时期相似。为了抵御严寒，满族先祖曾过着"穴居"的生活。汉魏时，挹娄人"处于山林之间，土地极寒，常为穴居，以深为贵，大家至接九梯"。❶虽然笔者没有出土的服装实物，但可以分析出来为了适应居住的环境，挹娄人的服装款式应是方便行走、居住和适合生产生活需要的 服装，这一时期出现了袍即清朝旗袍的前身——左衽、窄袖（便于狩猎和活动）、交领、领、袖、下摆处以沿边装饰（主要是毛边），出现了单层夹衣、短袖衫、短上衣的形制。

勿吉是肃慎族继肃慎、挹娄之后的又一称呼。勿吉族的社会组织、经济发展状况、风俗习惯等方面都与肃慎、挹娄大体相同，只是在原有的基础上更为进步，但在大多数领域还只是量的增加，尚未达到引起服装变革的程度。勿吉时期的服装基本上承袭了先人肃慎和挹娄的服装习俗，在生产力不断提高的基础上发展了自己的服装，服装开始讲究起来。勿吉人不单单是利用兽皮来制作衣服，还进一步用植物纤维来纺线和织成布帛，增加了衣服的面料品种。"妇人则布裙，男子衣猪犬皮裘"，这也是由当地气候条件和他们的经济条件所决定的。气候寒冷，男子出

❶范晔 . 后汉书 : 卷八十五 [M]. 李贤 , 等 , 注 . 北京 : 中华书局 ,1965:2813.

外打猎必须穿皮裘，妇人居穴中穿布裙即可。妇女"服布裙"，表明已能织布。妇女已能用布制裙，男子用猪皮或狗皮做皮裘，"裙"和"裘"在款式上已不是仅仅满足于实用，而是已经萌生了对美的追求，说明随着勿吉族社会经济、政治、生产的发展，服装也随之发展。

靺鞨是勿吉在隋唐时期的转称，隋唐时期靺鞨由七部构成，其中黑水部在七部中势力最强大，它成为靺鞨时期的主要构成部分。黑水靺鞨的服装习俗基本上是在勿吉习俗的基础上发展而来。妇女穿布衣，男子穿皮衣，衣料主要以猪狗皮为主。"妇人服布，男子衣猪狗皮。"❶黑龙江省宁安县东康二号房基址，发现了骨锥、骨针、骨纺轮。由此可见，靺鞨人的"服布"是有相当一段历史了。从"男子衣猪狗皮"来看，皮服还是主要的服装，后因和汉族接触渐多，渐随中原风俗，但仍保持着民族特色。粟末靺鞨建立的渤海国，是满族先祖建立的第一个民族政权，它为后来女真人建立的金朝、清朝打下了一定的基础，服饰更是深受其影响。大祚荣建立渤海国以后，渤海国的社会不断发展，到9世纪初期成为"海东盛国"，这时渤海人的服装已与唐朝服装十分接近了。从1980年发掘的渤海贞孝公主墓（公主死于公元792年）壁画中可以看出，当时的渤海人穿各色圆领长袍、腰束革带、足着靴或麻鞋。唯一与唐朝服饰不同的是头饰，即除了戴幞头的外，还有梳高髻、扎抹额的男子，幞头的样式也与唐幞头略有不同。

中国服饰文化在公元11世纪至14世纪，又一次出现了胡汉合流。北方少数民族的服饰与内涵丰富的汉族文化在不断地碰撞、摩擦和递进，先是互相排斥，再互相融合，然后在融合中得到发展，不可逆转地形成了一些全新的文化元素。这一时期的女真族服装就是在这种环境下继承、发展与融合的。女真族族称初见于903年（唐天复三年），史载阿保机于是年"伐女直，下之"。❷女真在不同的史

---

❶ 魏征 . 隋书 : 卷八十一 [M]. 北京 : 中华书局 ,1973:1821.

❷ 脱脱 . 辽史 : 卷一 [M]. 北京 : 中华书局 ,1974:2.

书中被写成虑真、女直、朱里真、诸申等，其族源与靺鞨及前面的肃慎、挹娄、勿吉乃一脉相承，女真族主要由黑水靺鞨发展而来，这一时期的服装主要包括辽、金、元、明时期的女真服装。辽代时期女真族经济比较落后，服饰上主要承袭前代的习俗，仍采用毛皮、麻布及少量的丝织品作为服装的主要原材料。在 10 世纪中叶（北宋初），辽统治下的女真人已向宋多次贡"名马，貂皮"。❶"衣服是用麻布或皮制作。贫者用牛、马、猪、羊、猫、犬、鱼、蛇的皮，或以獐、鹿、麇皮做裤做衫。"❷"富人春夏以纻丝绵绸为衫裳（也用细布），秋冬貂鼠、青鼠、狐貉皮或羔皮为裘"。❸辽女真人喜欢穿白色的衣服。没有桑蚕，因此很少用丝绸。贵贱仅以布的粗细来区别，在服装上已经有贫富等级的差别。辽女真时期的男子服装形制为短而左衽，圆领，窄袖紧身，四开衩。女真族妇女则着左衽长衫，系丝带，腰身窄而下摆宽，成三角形的服装。妇女上衣称大袄子，短小形式，无领，至膝以上或至腰部，对襟侧缝到下摆开衩，袖端细长有袖头，衣身较窄小，颜色以白、青、褐色为主，此时袖端的袖头即为后世旗袍箭袖的最初形式。下身穿锦裙，裙去左右各阙二尺许，以铁条为圈，裹以绣帛，上配以单裙。窄袖衣是当时妇女较为流行的一种便服，对襟，交领，左衽，窄袖，衣长至膝，领襟上加两条窄窄的绣边装饰。妇女的裙前后有四幅、六幅等，前后左右开衩，便于行动。辽代时期的女真人服装在前人的基础上有了进一步的发展，款式品种增多，有了贫富差别，服装从遮体护身的功能逐渐向审美及区别等级的功能转变。总的来说，辽女真服装发展的特点是传承性和民族性的体现。

金朝为女真族所建立，原臣服于辽，自完颜阿骨打于公元 1115 年建国，到 1234 年被蒙古所灭，前后经历了117 年。"金之先出靺鞨氏，靺鞨本号勿吉，勿吉古肃慎

---

❶王钟翰. 中国民族史 [M]. 北京：中国社会科学出版社,1994:485.
❷徐梦莘. 三朝北盟会编：卷三。
❸王钟翰. 中国民族史 [M]. 北京：中国社会科学出版社,1994:498.

地也……唐初有黑水靺鞨、粟末靺鞨……五代时附于契丹，其在南者籍号熟女直，在北者不在契丹籍号生女直。"❶
金（女真）在辽（契丹）的基础上建国一百多年，是我国历史上又一次的南北朝，是我国民族史上具有丰富内容的一个时期，也是我国多民族历史发展的重要组成部分。金朝继辽、北宋之后，在改变中国历史的面貌、丰富中国历史内容上，是一个不容忽视的朝代。金代文化发展的最大特点不仅表现在它对中原文化的继承发展上，更重要的表现则是自身发展过程中表现出来的具有民族特点的文化。金代女真民间服装在满族服饰发展的历史中占有着重要的地位。从服装的款式到色彩，从面料到图案都反映了北方民族的生存环境、社会经济、科学技术、文化、审美意识和宗教等，体现着时代的进步以及对后世服饰的深刻影响。金代女真服装发展的脉络：新中国成立后服装基本上承袭辽制，较为朴素；进入中原地区后，受汉族的影响，服装渐趋奢华逐渐汉化。总的说来，金代女真服装既有本民族的特色，又融合了汉族和契丹族的部分元素。金代女真服装不但继承了汉族在历史上衣着的长处，而且还把自己民族经过检验、实践，证明既适合生活需要、又有民族特色的东西保留了下来，为后来的后金、清朝的服装奠定了基础，培育了具有民族特色的服装种子。金代女真男子服装以袍服为主，形制为盘领、窄袖、左衽，其服长至小腿部位，以便于骑乘（图 3-34）。从金墓壁画及金墓砖雕的人物服饰上可以看到民间男子常服中的袍服有长也有短，领式有圆也有方。

金代女真妇女上衣着团衫，直领而左衽，在腋缝两旁作双折裥，用黑紫或黑及绀诸色。前长至拂地，后裾则托地余尺，用红绿带束之，垂至下齐。许嫁之女则穿着绰子（褙子），用红或银褐明金，作对襟式（图 3-35），领加彩绣，前齐拂地，后托地五寸余。其服装大多保持旧俗，奴婢只许穿䌷、绌、绢布、毛褐等做的服装（图 3-36）。

---

❶脱脱. 金史卷一·本纪第一·世纪 [M]. 北京：中华书局,1975:1-2.

图3-34 骑红马男子（头上裹巾，穿团领窄袖红袍，腰束革带，着裤，穿黄靴。马前一侍者，头系皂巾，插雉尾，着盘领窄袖白衫，下身着裤绑腿，腰系腹围）❶

图3-35 平阳金墓砖雕中女主人（方额高髻插簪饰耳戴环，身着褙子，下着红色褶裙）❷

图3-36 平阳金墓砖雕侍女（盘髻束缯，身着窄袖褙子，衬衫小领外翻，下系褶裙）❸

❶山西省考古研究所 . 平阳金墓砖雕 [M]. 太原：山西人民出版社 ,1999:136.

❷山西省考古研究所 . 平阳金墓砖雕 [M]. 太原：山西人民出版社 ,1999:133.

❸山西省考古研究所 . 平阳金墓砖雕 [M]. 太原：山西人民出版社 ,1999:141.

图3-37　襜裙❶

金代妇女服装中有一种特殊的形制，"妇人服襜裙，多以黑紫，上编绣金枝花，周身六襞积。"襜裙款式如图3-37所示。"裳曰锦裙，裙去左右各阙二尺许，以铁条为圈，裹以绣帛，上以单裙笼之"，实际上是以铁条圈架为衬，使裙摆扩张蓬起的裙子（图3-38），虽与欧洲中世纪贵妇所穿铁架支衬的部位不同，但是从河南焦作金墓壁画中的妇人服装图像和阿城齐国王墓中出土的服装以及平阳金墓中的砖雕（图3-39）来看，它体现出了一种特殊的服装美，即金国试图通过服装款式的改变，来达到华丽的目的，这一点在中国古代服装发展史上是十分独特的。

金代时期，聪明、智慧的女真人独创了具有特色的服装"大口裤"（图3-40）和"吊敦"（图3-41）。金代齐国王墓发现于1988年5月，位于黑龙江省阿城市巨源乡城子村，东南距金代的上京古城40公里。此墓有很高的研究价值，被誉为"塞北的马王堆"，特别是出土的许多

图3-38　金锦裙❷

图3-39　平阳金墓砖雕侍女（内着襜裙，裙腰处系带作如意结，外着直领窄袖褙子，双手执镜于胸前）❸

❶周锡保.中国古代服饰研究 [M].北京：中国戏剧出版社,1984:350.

❷陈高华，徐吉军.中国服饰通史 [M].宁波：宁波出版社,2002:53.

❸山西省考古研究所.平阳金墓砖雕 [M].太原：山西人民出版社,1999:143.

丝织品服饰，华贵精美，制作精致，填补了中国服饰史研究中由于没有金代服饰文物而留下的空白。墓内主人为金代被封为齐国王的完颜晏。夫妇二人的两具骨骼保存完整，尚未腐烂。两人身上均包裹多层各式衣着，其中男性着8层17件，女性着9层16件，计有袍、衫、裙、裤、腰带、冠帽和鞋、袜等，具有古代北方民族服饰的特点和风格，为研究我国金代的纺织技术、服装面料、印染工艺等提供了可靠的标本。其中具有现代流行的体形裤最初形制的"大口裤"和"吊敦"，作为金代贵族陪葬的主要服饰——裤装出现在墓葬内。流行于我国20世纪90年代的体形裤最早可追溯到金代时期女真人的服饰，金代时期女真人的"大口裤"和"吊敦"可确定为其最初的形制，它充分展示了女真人根据生活的实际用处来设计和制作功能性极强的服装，脚踩带运用在金代女真人骑马狩猎时需要固定住的部位。

图3-40 大口裤

图3-41 吊敦

元朝建立后，女真族由统治民族转变为元朝统治下的北方少数民族之一。元代女真族分为三个部分：第一部分是迁居中原的女真人，他们进一步汉化，逐渐融入汉族之中，社会经济发展较快，已经开始转变为封建制经济；第二部分女真人是居住在辽东地区以及金代时迁居今内蒙古一带的女真人；第三部分是金代留居东北的女真人，主要包括建州女真、海西女真和野人女真，这部分构成了元、明时期女真人的主体，其社会经济发展较为缓慢。由于元代史书中关于女真族的记载较少，有些问题只能根据金代、明代有关女真人的记载进行推断。按照文化变迁的传承性规律来看，元代女真人仍采用传统的皮毛作为服装面料，夏季用麻布。服装形制基本承袭了金代民间女真人的服装式样，图3-42所反映的应是元代女真人的服装概貌。形制上主要有衫襦、袍袄和比甲，衫襦的形制是袖窄而长，有袖头，衣长到腰，左衽，衫襦之外罩穿半臂；袍袄的形制为交领，衣长至膝下，腰束大带，肩部有云肩装饰；比甲是一种常服，有里有面，是比马褂稍长的一种皮衣，此种款式无领无袖，前短后长，以襻相连，便于骑射。

明代女真人主要居住和活动在"东滨海，西接兀良哈，南邻朝鲜，北至奴儿干、北海"的广大区域内，主要分为

图3-42　梳高髻、穿左衽交领短衫及长裙的元代女瓷俑❶

❶黄能馥，陈娟娟.中华历代服饰艺术 [M]. 北京 : 中国旅游出版社 ,1999:309.

建州、海西和野人三大部，建州女真是建立后金、形成满族共同体的主体。明代女真族的对内对外贸易十分活跃，建州、海西女真以貂皮、马、人参等土特产向明朝政府进贡，同时在京城通过贸易可以获得明政府赏赐的江南丝织品，如绢、缎、纻丝，或以丝织品制作的衣物，如素纻丝衣、冠带蟒衣等。明政府从江南地区获得丝绸制品，通过赏赐把丝绸制品转到女真人手中，带到女真地区；同时也把丝绸制品赏给手下的官员。明政府把从女真族那里获得的马发放给军队，把貂皮、东珠等赏赐或分发给大臣及官员。野人女真包括黑龙江及后来的东海女真地区是优质貂皮——黑貂的主要产地。❶传统的皮料仍然是明代女真人主要服装面料的来源。此外明女真通过朝贡和马市获得了新的服装面料，绢、布、缎成为新增添的面料。袍服的领子为盘领状，因此称"盘领衣"，窄袖，衣长至膝，领袖下摆均有缘边；大袖衫的式样为盘领式对襟，衣襟宽三寸，用纽子系结衣襟；长袄、长裙的式样为盘领、交领或对襟，领子上用金属扣子系结。

二、清朝时期的服装

清代满族民间服装主要是指清代的旗人服装，其中包含一部分没有服饰制度制约的宫廷服装。在清代，统治者将其统治下的人们分为旗人和民人。旗人包括八旗满洲、八旗汉军和八旗蒙古。八旗汉军和八旗蒙古虽然原本不是满族，但是归入八旗制度，受其统一管制，所以在服装上应是统一的样式。本书中阐述的满族民间服装包括八旗满洲、八旗汉军和八旗蒙古的服装，是指官定服装以外的日常所穿者，包括品官低级的役使及普通百姓的便服。下面将对清代具有代表性的几种旗人服装进行阐述。

马褂是清代男子常穿的服装之一，是一种时髦装束，各界人士均喜爱穿着（图3-43）。不仅男子穿，女子也穿，

❶ 栾凡. 明代女真族的贸易关系网及社会效应 [J]. 北方文物 ,2000(1):73.

是穿在长衣袍衫之外，比外褂短，长仅及于脐，左右及后开衩的一种袍褂。马褂原为一种短袖、对襟的短上衣，长与坐齐，是我国古代北方游牧民族骑马弯弓搭箭、狩猎之时穿在长袍外面的一种短褂，并因此而得名。清定鼎中原以后，马褂逐渐由朴实无华的实用型向求美的装饰型转化。此时的马褂已不是昔日骑马射箭意义上所穿的马褂，而成为人们日常生活中所穿的常服。康熙以后，对襟圆领的马褂发展成为具有对襟、大襟、琵琶襟（即缺襟）立领或圆领多种形式的马褂，雍正时期穿的人日益增多。嘉庆年间，马褂往往用如意头镶边，到咸丰、同治年间又做大镶大沿，光绪、宣统年间，尤其在南方，它被剪短到脐部之上，面料用铁线纱、呢、缎等。马褂有长袖、短袖，宽袖、窄袖之分，袖口均平齐，不做马蹄式。马褂的颜色极为丰富，有明黄、鹅黄、天青、元青、石青、深蓝、宝蓝、品蓝、绛紫、绛色、品月、银灰、雪青、藕荷、桃红、绿色、茶色等颜色（图3-44）。在众多的色彩中，属黄色马褂最尊贵，非特赐者不得服用（帝后除外），其次是天青、元青、石青三色。此三种颜色的马褂是男子在平时较为正规场合所常穿的，带有礼节性，显得庄重、严肃。

坎肩也叫作"背心""马甲""马夹""紧身"，与马褂类似，无袖，穿在长衫外。马甲原为一种无袖紧身式的上衣，是我国古代北方少数民族主要服饰之一。据《释名·释衣服》记载，其最初形式为"其一当胸，其一当背"，故名裲裆。《释名疏证补》又云："当背当心，亦两当之义也，今俗谓之背心"。从文献记载中可以得知，坎肩的最初形式只有两片，一片前片，一片后片。其前、后两片在肩部及腋下均钉数对丝绦或纽襻，穿时系之，使两片相连。在清代，穿着坎肩是一种时尚，款式丰富、做工精美，不管男女老幼、贫穷富贵均喜爱穿着。清代的坎肩一般都装有立领，长与腰齐，有对襟、大襟、琵琶襟（图3-45）、人字襟及一字襟几种款式。坎肩面料有绸、纱、缎等；颜色有宝蓝、天蓝、天青、酱色、元色、泥金色等。尤其是女坎肩，镶边非常复杂、讲究，少则镶三道，多则镶五六道，绦边装饰繁复，反把其本身的衣料退居于极少的部分，使衣服出现了三分地七分绦的现象，形成了以绦为主，以地子为辅，几乎遮住了地子的现象，又叫"十八镶"。坎肩有棉、夹、单、皮四种，人们根据季节的变化，变换穿着（图3-46）。直至近日，坎肩也是当今社会人们喜爱的服饰之一。

图3-43　马褂与一字襟坎肩❶

图3-44　紫色绸绣百蝶纹绵马褂（后妃穿用）❷

图3-45　红尼地平针打子绣人物故事坎肩❸

图3-46　驼色缎镶边琵琶襟坎肩❹

❶沈嘉蔚. 莫理循眼里的近代中国 [M]. 福州：福建教育出版社 ,2005:91.
❷常沙娜. 中国织绣服饰全集：第四卷：历代服饰卷（下）[M]. 天津：天津人民美术出版社 ,2004:430.
❸王金华，周佳. 图说清代女子服饰 [M]. 北京：中国轻工业出版社 ,2007:84.
❹常沙娜. 中国织绣服饰全集：第四卷：历代服饰卷（下）[M]. 天津：天津人民美术出版社 ,2004:393.

衫、袍是满族服装中最具代表性的服装。这种袍式服装是清代男女老少、春夏秋冬都离不开的（图 3-47、图 3-48）。它有单、夹、棉、皮之分，春、夏季穿用的称为衫，秋、冬季穿用的称为袍，当时并不叫作旗袍，是其他民族将满族（旗人）所穿的袍子称为旗袍。旗袍的基本样式很简单：圆领、捻襟（大襟）、窄袖（有的带马蹄袖）、四面开衩，有纽襻。旗袍是适应生活和生产环境而发展来的，它改变了一直以来中原服饰上衣下裳、宽袍大袖的服饰风格，它的最大优点就是适应满族骑射活动的需要。随着清朝社会的不断向前发展，旗袍的式样、装饰性、功能性也发生了变化。清初期，袍、衫尚长，顺治末减短及于膝，其后又加长至膝上，康熙中期衣袍又渐短，而外套则渐加长。袍、衫在同治时期还比较宽大，袖子有一尺多宽，光绪初年也如此，至甲午、庚子之后，变成极短极紧之腰身和窄袖的式样。《京华百二竹枝词》有："新式衣裳夸有根，极长极窄太难论，洋人著服图灵便，几见缠躬不可蹲。"因其式窄几缠身，长可覆足，袖仅容臂，形不掩臀，偶然一蹲，动至破裂，此也是清末男子衫袍的时尚趋向。衫袍颜色大多为月白、湖色、枣红、雪青、蓝、灰诸色，一般都穿浅色的竹布长衫，单着或加罩于袍袄之外，形成上身深（指马褂、马甲的色）而下身浅的色调。

满族妇女的旗袍，很讲究装饰，在衣襟、领口、袖边等处都要镶嵌几道花绦或"狗牙儿"（民间的叫法），且以多镶为美，甚至在京城里还出现了"十八镶"的叫法。另外，妇女的旗袍还时兴"大挽袖"，袖长过手，在袖里的下半截，彩绣以各种与袖面不同颜色的花纹，然后将它挽出来，以显其别致和美观。这种长袍开始时极为宽大，辛亥革命前夕渐变为小腰身。清代男女穿旗袍时往往喜欢在上身加罩一件短的或者长至腰间的坎肩，其后更喜欢加短小而又绣花的坎肩，有的在腰间束以湖色、白色或浅淡色的长腰巾。旗袍的开衩，在满族入关后也有变化，从四开衩变为两开衩，或者不开衩。四面开衩的旗袍同箭袖一样，后来也作为一种身份和地位的象征。

图3-47　康熙年间男子着袍情形❶

图3-48　康熙年间女子着袍情形❶

　　衬衣是随着服饰制度的逐渐确立而产生的一种新型的服装。这种新型的服装，起初是作为一种具有特殊用途内衣而出现的，所以称为衬衣。清代衬衣的基本形制为圆领、右衽、直身、捻襟、平口、无裾（开衩）的便袍。袖子形

❶王元祁，宋骏业，等．万寿盛典图 [M]．北京：学苑出版社，2001．

式有舒袖（袖长至腕）、半宽袖（短宽袖口加接二层袖头）
两类，袖口内再另加饰袖头，以绒绣、纳纱、平金、织花
为主。在清代有很多外衣都开裾，像男子的吉服袍、常服
袍和行服袍等，女子的吉服袍、氅衣、大褂等，有的两开裾，
有的四开裾。裾开得都比较长，有的长至腋下。在穿这些
开裾服装时，若不穿内衣，极不雅观，同时也是封建礼教
所不准许的。为了避免行走之时露腿，就得做一种无开裾
的内衣，穿在里面，作为内衣的衬衣就应运而生了。这种
衬衣起初不管男女款式，用料、花纹都很朴实。一般由纱、
罗、小绸子制成。尤其是男子的衬衣，一般由素地绸、纱、
罗做成，做工简练、样式普通。即使是女子的衬衣，也只
有很简单的装饰花纹，多为一般的织花。随着清代经济的
不断发展，人们审美观念的不断提高，人们对服装的装饰
性要求也越来越高，对衬衣的要求也开始不满足于其实用
性。在氅衣未出现之前，女子的衬衣已逐渐由实用型向审
美型转化（男士衬衣变化不太大），发展成为有舒袖、挽
袖（半宽袖）两种款式的便袍。此时的衬衣不仅是衣袖变化，
衣边也发生了很大的变化，用宽窄、颜色、花纹均不相同
的花绦镶边加绲，花纹丰富，做工精细，面料有绸、缎、
纱等（图3-49、图3-50）。

氅衣是清代后期才出现的一种女式外衣，它的基本形
制为圆领、右衽、直身、衣肥、袖宽平而高高挽起、左右
开裾（图3-51）。它由早期的袍演变而来，是旗袍的一种，
也有人称之为旗袍。氅衣，就其形式来讲与挽袖衬衣极为
相似，且均为半宽袖，即"大挽袖"。氅衣和挽袖衬衣的
最大区别是：氅衣左右开裾高至腋下，开裾的顶端必饰云
头❶，而挽袖衬衣则无裾。在氅衣的袖口内都缀接纹饰华
丽的袖头。氅衣的纹饰比较华丽，边饰的镶绲更为讲究，
在领托、袖口、衣领至腋下相交处及侧摆、下摆都镶绲不
同色彩、不同工艺、不同质料的花边、花绦、狗牙等，以
多镶为美。咸丰、同治期间，京城贵族妇女衣饰镶绲花边

---

❶氅衣是在左右裾的上端用宽窄不同、颜色、花纹各不相同的花绦，打折盘钉成大如意头，左右各一个。

图3-49　乾隆朝月白缎百花妆夹衬衣❶

图3-50　清晚期绿纱绣金团寿纹单衬衣❷

的道数越来越多，有"十八
镶"之称。这种以镶绲花
边为服装主要装饰的风尚，
一直到民国期间仍继续流
行。氅衣是清代后妃们便
服中规格最高、最富有装
饰性的服饰，也是后妃们
探亲访友、接待客人所穿
的一种带有礼节性的便装。

图3-51　清晚期明黄纱绣竹枝纹单氅衣❸

❶张琼.清代宫廷服饰[M].上海：上海科学技术出版社,香港：商务印书馆,2006:199.
❷张琼.清代宫廷服饰[M].上海：上海科学技术出版社,香港：商务印书馆,2006:204.
❸张琼.清代宫廷服饰[M].上海：上海科学技术出版社,香港：商务印书馆,2006:197.

套裤为满族特有的民族服装之一，多为下层劳动人民所穿，一般为男子所用，满族妇女也穿用，主要用于御寒和保暖（图3-52）。套裤虽然叫裤子，但不是完整的裤子，仅有两条裤腿，没有普通裤子的上半段，而用两条带子所代替。有棉、夹、单之分，面料有缎、纱、绸、呢等。由于北方气候寒冷，大多把裤脚管用丝织成的扁而阔的扎脚带在近脚踝骨处扎起来，扎带末端有一流苏垂于脚踝之处（图3-53）。套裤不仅具有实用性，还起到了装饰性作用。

披领又名披肩（图3-54），是辽代之遗制。辽俗有一种服饰名口"贾哈"，以锦貂为之，形制如箕，两端作尖锐状，围于肩背间。❶清代的披领应是承袭辽制，披领是清代帝后、

图3-52　清末穿套裤、戴便帽、梳辫发的男子❷

图3-53　藕荷色绸绵套裤❸

❶周锡保 . 中国古代服饰史 [M]. 北京 : 中国戏剧出版社 ,1984:333.

❷沈嘉蔚 . 莫理循眼里的近代中国 [M]. 福州 : 福建教育出版社 ,2005.

❸常沙娜 . 中国织绣服饰全集 : 第四卷 : 历代服饰卷（下）[M]. 天津 : 天津人民美术出版社 ,2004:369.

王公大臣、八旗命妇穿朝服时所穿用的一种服饰，是清代的定制（图 3-55）。徐珂《清稗类钞·服饰类》云："披肩为文武大小品官衣大礼服时所用，加于项，覆于肩，形如菱，上绣蟒。"[1]披领有冬夏两种，冬天用紫貂或用石青色加海龙缘边，夏天用石青加片金缘边。

马蹄袖也叫箭袖，满语"waha"，是满族袍褂中很有特点的一种衣袖，是满族服装中具有民族特色的服装配件之一。马蹄袖是在平袖口前边再接出一个半圆形的"袖头"，一般最长处直径为 15 厘米左右，形似马蹄，后来俗称马蹄袖（图 3-56）。马蹄袖的产生源于满族人民生活和生产的环境。入关前满族一直以狩猎生活为主，为了适应在寒冷的冬季里打猎的需求，将马蹄袖覆盖在手上，无论是骑马还是射箭，均可保护手背使其不至于冻伤。进关之后，

图3-54　披领[2]

图3-55　咸丰帝戴披领朝服像[3]

❶ 徐珂. 清稗类钞：第 13 册 [M]. 北京：中华书局 ,1986:6198.

❷ 王智敏. 龙袍 [M]. 台北：台湾艺术图书公司 ,1994:114.

❸ 朱诚如. 清史图典·咸丰同治朝：第十册 [M]. 北京：紫禁城出版社 ,2002:5.

由于满族生活环境的变化，骑射之风已逐渐衰微，袍褂上的箭袖也不再起到原来的作用，而是作为一种礼节和身份的象征，平时将袖头挽起，遇到须行礼时，便将箭袖弹下来，以示庄重、守礼。在清代，马蹄袖在各种场合的袍服中均有体现。20世纪80年代，这种形式在黑龙江省的农村中，特别是有些老年的"车老板"衣袖上还可看到，有的虽身穿棉袄，但还特意接出个狗皮、狼皮或狍皮的"袖头"以保护手背[1]。直到今天，马蹄袖已经作为一种服饰元素应用在现代服装设计之中。可以看出，凡是具有生命力的事物，总是会在历史发展过程中流传卜来。

图3-56　马蹄袖[2]

三、民国及以后的满族服饰

1911年，辛亥革命推翻了统治中国的清王朝，结束了

---

[1]王云英.清代满族服饰[M].沈阳：辽宁民族出版社,1985:74.
[2]张琼.清代宫廷服饰[M].上海：上海科学技术出版社,北京：商务印书馆,2006:32.

在中国延续两千多年的封建帝制，建立了中华民国。改朝换代像一场大地震，从政治体制到经济体制乃至社会生活的方方面面，都在不同程度上发生着变化，作为封建主义规章的衣冠之制也随之崩溃瓦解。出现了不以等级定衣冠的新服制，这是中国服装史上划时代的巨变。服饰等级制的打破，引起服装质地式样的多样化，引起了服饰的一场变革，每个民族的服饰都随着历史发展和文化变迁而不断产生变化。服饰的变化与其他物质文化和精神文化不一样，它有独特的发展演化轨迹，即当社会物质生活和精神生活日趋丰富复杂的时候，服饰的演变却走向相反的道路，变得越来越简便、大方。纵观满族服饰百年来的发展变化，可以看出服饰的发展脉络，即从传统到现代的转化，从创新到再生的重塑。这一阶段的满族服饰可分为两个部分：一是从1911~1949年满族服饰的发展和转型；二是从新中国成立后到现今满族服饰发生的变化。

中华民国的创立者孙中山是现代服装变革的创导者，《中华民国临时约法》中明确规定："中华民国人民一律平等，无种族、阶级、宗教之区别。"1912年10月，民国政府正式颁布男女礼服制度：男子礼服分为两种，一种为大礼服，一种为常礼服。大礼服即西方的礼服，有昼夜之分；常礼服为传统的长袍马褂，均为黑色，面料为丝、毛织品或棉、麻织品。女子礼服用长与膝齐的对襟长衫，有领，左右及后下端开衩，周身加以锦绣。下身着裙，前后中幅平，左右打裥，上缘两端用带。由此可以看出，民国期间，服装的演变趋势是中西并列，新旧杂陈。在清代灭亡之后，满族官定服装也随之消亡。但长袍、马褂、旗袍、坎肩等满族服装，作为中国传统的服装代表被保留了下来，并在民国期间得到了长足的发展，成为在适应时代和社会发展中与西装、中山装并行于当时社会服装时尚的主流。辛亥革命和中华民国的建立，加快了女装西化的过程。服装的变化不再囿于图案、色彩和材料，而波及其他方面。服装造型由掩盖人体特征和差异渐渐变为有意识地去表现人体特征，由宽大渐渐变为合身；装饰由繁复变得较为简洁，面料由厚重变为轻薄，并注重悬垂性的提高。由于西方印染技术引入，也由于服装审美观念的转变，印花成为在纺织品或服装面料上施加图案装饰的主要手段。同时民国时期的服装，尤其是旗袍，也受到西方社会的影响变得华丽（图 3-57）。

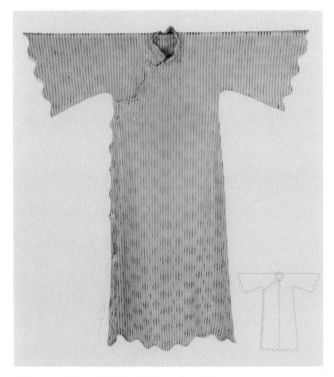

图3-57　20世纪20年代赭色条纹单旗袍❶

　　近代中国女装的典型服装是旗袍，民国时期旗袍流行的时间最长。旗袍（图 3-58）是由满族旗袍发展而来，1914 年左右旗袍首先在上海流行开来，接着影响全国。一方面，旗袍流行开来是 20 世纪中国女性服装对男性服装的模仿和争取女权主义、人本主义的一个例证。旗袍最大的特点就在于勾勒与烘托了女性的曲线美，这在中国妇女

---

❶包铭新 . 近代中国女装实录 [M]. 上海 : 东华大学出版社 ,2004:21.

图3-58 20世纪30年代的几款旗袍❶

服装的历史上可谓是一次重大的革命性转折。❷从20世纪
20年代到30年代，女性服装逐渐找到了现代理想。但是
它们仍带有明显的女性特征，性别本身使它们保持了传统
的男女隔阂，刻意追求服装上的视觉效果这一古老的信念
逐渐成为现代女性时装的主导思想。❸另一方面，旗袍有
着旺盛的生命力，它的生命力在于它总是在不断地变化。

　　民国时期最初的旗袍仍然保留着原来满族旗袍的基本
样式，宽大、平直，下长至足，面料多用绸缎，衣上绣满
花纹，领、袖、襟、裾都绲有宽阔的花边。辛亥革命之后
的最初几年，妇女穿旗袍的人数较少，旗袍遭到人们的冷
落。20世纪20年代，女子旗袍的穿着与清代情况相近，
袍内仍着长裤，稍后袍内不再着长裤，针织棉袜和丝袜逐
渐出现，此时的旗袍略收腰身，袖作倒大形，与当时上衣
相仿。袍身的装饰比清代大大减少，绣花的使用也大幅度
地减少，一种极精细之线香绲却大行其道，传统的牙子花
边或细绦仍常见。纽襻的变化增多，各种盘花纽扣争艳斗

❶包铭新.近代中国女装实录[M].上海：东华大学出版社,2004:38,28,30.
❸王宇清.旗袍里的思想史[M].北京：中国青年出版社,2003:4.
❷安妮·霍兰德.性别与服饰[M].魏如明,译.北京：东方出版社,2000:9.

巧。发展到 20 世纪 30 年代，旗袍更加流行，已经脱离了原来的形式，而变成一种具有独特风格的妇女服装样式（图3-59、图 3-60）。造型更趋合身，装饰更简洁，面料时尚化。工艺上由腰省而及胸省，或加以归拔，或使用揿钮拉链，西式装袖替代了传统中式的接袖。20 世纪 30~40 年代出现了改良旗袍，变化的部位主要集中在领、袖及长度等方面。先是流行高领，领子越高越时髦，即便在盛夏，薄如蝉翼的旗袍也必配上高耸及耳的硬领。渐而又流行低领，领子越低越摩登，当低到实在无法再低的时候，干脆就穿起没有领子的旗袍。袖子的变化也是如此，时而流行长的，长过手腕；时而流行短的，短至露肘（图 3-61）。至于旗袍的长度，更有许多变化，在一个时期内，曾经流行长的，走起路来衣边扫地。以后又改成短式，通常的时装长度都在膝盖以上。20 世纪 40 年代是旗袍流行的黄金时代，式样趋向于取消袖子（夏季）即无袖旗袍、缩短长度和减低领高，并省去了烦琐的装饰，使其更加轻便、适体。自此以后海外华裔妇女所着的各种旗袍以及改革开放后中国出现的种种旗袍款式，都跳不出 20 世纪 40 年代旗袍之样式，水平也无出其右者。从旗袍外观的变化来看，除了色彩图案肌里外，主要表现在领的高低有无，袖的长短宽窄，开衩的高低，下摆的位置，与腰身的松紧合身。

民国时期的旗袍面料也随着时代的变迁而变化着。清代旗袍的面料以锦或缎为主，锦、缎厚实，经得起多重的镶嵌绲绣。镶嵌绲绣的多，就会加重衣料的分量和厚度，所以清代女式旗袍就不可能沿着女性的曲线"顺流而下"，以致给人平直宽肥的感觉。而民国时期尤其是 20 世纪 30 年代的海派旗袍讲究"透、露、瘦"，女子喜欢用镂空织物或半透明的丝绸，如绮、绫、纱等做成轮廓修长的紧身旗袍，以突出她们婀娜多姿的身材。

旗袍之所以能够赢得广大妇女的喜爱，主要有两个原因。一是经济便利，以前妇女从上到下一套服装，需要置办衣、裤、裙等许多服饰，而旗袍一袭就能代替，况且在用料、做工方面也能大大减少成本。二是美观适体，由于

图3-59　20世纪30年代旗袍1❶

图3-60　20世纪30年代旗袍2❷

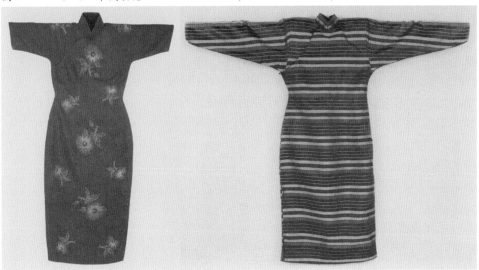

图3-61　20世纪40年代旗袍❸

❶胡铭,秦青.民国社会风情图录:服饰卷[M].南京:江苏古籍出版社,2000:76.
❷梁京武,赵向标.二十世纪怀旧系列(二):老服饰[M].北京:龙门书局,1995:89.
❸包铭新.近代中国女装实录[M].上海:东华大学出版社,2004:52,55.

旗袍上下连属，合为一体，容易显现出妇女形体的曲线美，加上高跟鞋的衬托，更能体现出妇女的秀美身姿。在辛亥革命前后，坎肩或马甲没有旗袍的变化大，主要区别在清代坎肩面料多用织绣且加繁复缘饰，民国以来日趋简朴，清代颇为常见的长坎肩在民国时期也渐渐减少。20 世纪 30 年代以来，西式的针织或棒针编结背心（以及开衫）流行日甚，罩在旗袍外穿着，逐步取代了传统坎肩。近代中国传统服饰并没有在 1949 年后销声匿迹，在海外华裔中服装的演化仍旧是一个舒缓自然的过程。20 世纪 80 年代开始，中国国内的怀旧思绪慢慢高涨，到 20 世纪末忽然加速，种种被冠之以"唐装""中装"或"国服"的女装以及现代人穿的坎肩或马甲均是满族服装的延续，只是现在这些改良后的传统服装，工艺远逊于当年，其设计内涵和审美价值也要低得多。

以上阐述的是中产阶级和富裕阶层中所着旗袍和坎肩的情况，在更大范围的满族普通人民中，华丽高贵的面料是穿不起的。在地方志的记载中，可以看到 1911~1949 年满族服饰的状况。男子常服穿长袍、短褂。百姓穿的普通衣服，常用棉布或麻布，着绸缎、呢绒者甚少，而以青、蓝、白色居多。单、夹、棉随时更换，在极暑极寒之期，也有用葛与裘者。面料用绸缎、呢、绒、纱、罗、夏布及各种粗细布类，官绅、商富衣服多用纱、葛、缎、呢等料。冬天则穿皮裘，常用狐、貉、羊羔、山狸、灰鼠之类的毛皮；貂皮、猞猁、水獭、海龙乃贵重品，一般人不用。❶旗人妇女身着衣长到脚踝的长袍，不系裙，不穿长裤，有时穿对襟短褂，其面料用毛织、丝织等，常服则多用棉布或麻布。民国初年，仕宦缙绅家的妇女，多穿大礼服，青缎对襟，刺绣彩花八团图案，裙也刺绣或织金，状极华丽。乡村妇女，操作农事，一年四季只穿粗布长衫，冬日外加棉袄短褂。满族男子夏天戴草帽，冬天戴皮帽，春秋戴缎制小帽。冬天穿用棉和毡做成的鞋，也有用革做的履。至于农、工

---

❶貂、猞猁，为国家保护动物。——出版者注

劳动者，无论何时大都蓝布短衣，夏戴笠、赤足。冬天戴毡质耳帽，脚穿牛皮靰鞡鞋，鞋内放靰鞡草，用于保暖，行走在冰雪中用来御寒。至于首饰，名色繁多，金质、银质不等。旗人梳京头，又曰"京扁"。

　　到了现代社会，一提起满族服饰，人们自然想到的就是旗袍、坎肩、大拉翅、花盆底鞋。然而在现实的当代社会中，满族民间服饰的生存现状究竟如何？历史上的满族服饰在今天遭遇到了什么样的境遇？满族传承下来的服饰又是怎样和当代主流文化发展的趋势相结合的？为了寻找以上诸项的答案，作者自2007起走访了全国的11个满族自治县（辽宁省的岫岩满族自治县、本溪满族自治县、新宾满族自治县、清原满族自治县、宽甸满族自治县、桓仁满族自治县，吉林省的伊通满族自治县，河北省的宽城满族自治县、青龙满族自治县、围场满族蒙古族自治县和丰宁满族自治县）、现已撤县建市的两个满族自治县，即辽宁省的凤城市（图3-62、图3-63）和北镇市，以及满族人口聚居的地区（吉林九台地区），对其进行了满族民间服饰的现状调查，即从1949年至目前的状况。满族民间服饰一直伴随着民族的发展变化而变化着，即使是满族聚居地也会有地域的差异，下面将辽宁、吉林、河北三省满族自治县以及广东省的民间服饰现况分别进行阐述。

图3-62　民国时期着旗袍的凤城妇女旧照

图3-63　穿对襟立领女褂的凤城秋木桩村82岁的妇女

1.辽宁省民间服饰的概况

辽宁满族民间服饰中具有代表性的服装有旗袍（长袍）、套裤和坎肩。旗袍不分季节，男女老少均穿，一般分单、夹、棉（图 3-64）三种。旗袍款式是：无领（后来习惯加一条假领）、窄袖、右衽、两面或四面开裾（图 3-65）。一般多穿灰色旗袍，家境好些的穿青色或蓝色。女人的旗袍形同男式，很讲究美观、大方，其长度可达脚面。领口、袖头、衣襟都镶有不同颜色的花边。随着时代的变化，男式旗袍已基本废弃，在新宾时，时年 79 岁的肇普维❶说："穿这种四布大衫（四开裾），就是不错的了。"女式旗袍的样式也不断变化，由肥大改为瘦形，其长度改为过膝式；由直筒式改为曲线式，穿起来端庄大方（图 3-66）。肇普维的老伴黄贵香❷说："男女不一样，能看出来，女的有掐腰。男的是直身，领、袖一样。棉袍外不套衣服，把面和里拆了洗，棉花拿出来，里面穿棉裤。结完婚就做的，冬天穿，手工做的。"

新宾的满族在新中国成立前后仍穿长袍马褂，只是不带箭袖了。有身份者其衣料多为绸缎，最上等单衣用葛纱之类制作，颜色多为白。春、秋夹衣用呢、绸或布，冬用棉（图 3-67），穿皮衣者为少数。农民多为棉麻布，多穿蓝布短衣。男女旗袍皆镶花边。男喜用蓝、灰等颜色，女喜用绿、粉、月白等颜色。满族妇女过去多穿肥大旗袍，后来，逐渐发生变化，变得更窄瘦了，并有长、短袖之分。一般样式为直领、窄袖，开右大襟，钉扣襻，紧腰身，长至膝下，两侧开衩。"结婚四五年之后就不穿这种大褂了（1955 年），穿短的了，不穿长的了，男女都不怎么穿了"，黄贵香老人说。在新宾腰站村，作者遇到了高嫣玲老人，老人是沈阳市人，满族旗人，1928 年生。她说："解放前后（1949 年），在沈阳，穿大褂，半袖。"而此时，新宾农村穿的是四布褂子、坎肩和马甲。沈阳叫大褂、新宾农

---

❶肇普维,男,时年 79 岁,满族,右翼镶蓝旗(红带子)。
❷黄贵香,女,时年 74 岁,满族。

村叫四布衫的，就是我们所说的长袍。

在新宾做调查的时候，作者在腰站村见到了至今仍能做旗袍、夹袄并且仍然穿着的一位老人，老人名叫黄贵香，是1950年嫁到这个村的。老人把压箱底的两件衣服拿了出来，黄贵香老人说："四布大衫，蓝色的，老头穿的。1950年结婚时做的，拜年时，回娘家时穿的。现在拿出来，孩子们都害怕。就穿了几次，借给他们（村里的其他人）结婚穿过几次，小时就会做。"另一件是女式棉袍，黄贵香老人穿的，她说："结婚时做的，1950年结的婚，自己做的。冬天怕灌风，里襟多出一块。里面穿衬衣、裤子。"

图3-64　黑色斜襟女棉袍

图3-65　蓝色斜襟四开气男长袍

图3-66　肇普维和黄贵香两位老人身着传统棉袍和长衫

图3-67　暗香色缎面斜襟女短夹袄

这件衣服老人每年冬天的时候还拿出来穿。另外一件就是2005年黄贵香老人为自己做的一件短夹袄，斜襟、暗香色，至今还穿着。

套裤是无腰的棉裤筒，无裤裆，以两条背带固定，多为老年人秋冬季节穿着。套裤只起护腿作用，小腹及臀部不能覆盖。套裤与长袍配合，能发挥其灵便的特点。新中国成立后，随着满族生活水平的提高，薄棉裤、绒裤逐渐替代了套裤。随着经济条件的变化和社会的发展，满族的服饰有很大的变化。岫岩男子穿套裤，扎裤脚。由于满族长期生活在寒冷的北方，又经常在草树茂盛的环境中活动，无论冬夏，男女老幼穿长裤必系腿带。腿带长一尺四寸，宽寸余，两头有穗，在脚腕处将腿扎紧，再将剩余的穗头掖在腿带里。在新宾县腰站村，高嫣玲老人说："11 岁冬天穿过套裤，母亲给做的，是棉裤腿，像背带裤，有带，能系住。50 年代中后期还穿呢。"

坎肩无袖，穿起来活动自如，还便于装饰（图 3-68）。满族妇女也把它作为外套穿，并在坎肩上绣上花边。坎肩是女人的外套，老年妇女多为御寒用，色调和做工都比较简单，年轻妇女则讲究质地、颜色、花样，有时还在周边缝制彩绦或在胸前绣花。规格偏长至臀，显得体态修长苗条。中老年妇女喜爱的棉坎肩至今仍然流行。

靰鞡鞋是满族传统的鞋，多为农村满族人民冬季穿用的一种皮革制作的鞋（图 3-69）。它是很有特点的满族服饰之一，一直在东北农村穿用。底软，连帮而成，或牛皮，或鹿皮，或猪皮，缝纫极密，走荆棘泥淖中，不损不湿，而且耐冻耐久，男女皆穿（图 3-70）。冬季穿时内填乌拉草。男人有地位者多穿牛皮靴，无地位者多穿各种皮制靰鞡，里絮乌拉草，既轻便又暖和。还有穿"淌头马"（类似靰鞡，但比靰鞡精巧）的，里面也絮乌拉草，后来穿"胶皮靰鞡"。这两种鞋，在 20 世纪 60 年代的新宾尚有穿者，近年已无人穿用。

男人的夹鞋（单鞋）为布底纳帮，鞋脸镶嵌双皮条的两道脸儿，俗称"傻鞋"。活动量较少的年迈老人，穿高

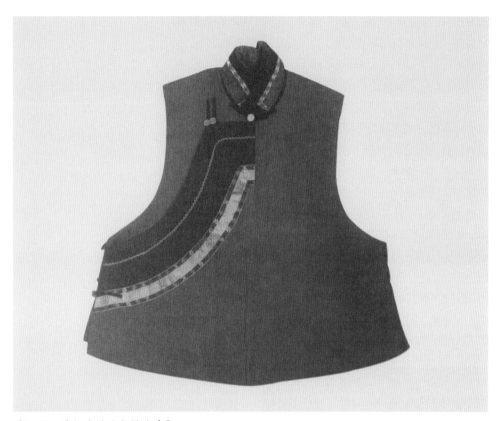

图3-68 暗红地镶边大襟坎肩❶

图3-69 靰鞡鞋❷

图3-70 赫图阿拉城内巨大的靰鞡鞋雕塑

❶袁仄,蒋玉秋.民间服饰[M].石家庄:河北少年儿童出版社,2007:65.
❷新宾满族自治县满族博物馆藏品。

勒毡鞋（图 3-71、图 3-72）；春季后穿单皮脸或双皮脸
式的鞋子，这种鞋用布或缎做成，鞋尖凸出于鞋底的前方，
侧面看去，好似小船。岫岩男子脚穿双鼻皮条布鞋，鞋尖
凸出鞋底之外，如船形。

　　女人夹鞋是上窄下宽，鞋脸尖端突出上翘，两侧绣花，
形如小船的木底高桩鞋（图 3-73）。满族妇女天足，着木
底绣花鞋，其式为两种：一为平木底，厚约一寸，外包以布，
上面上鞋帮，多为中老年妇女穿着；另一种为高木底，也
叫寸子，木底高约 3 寸，中间细，两头宽，方形，为鞋底
长的二分之一，上于鞋底正中间，外包布或涂白漆，此为
年轻妇女穿着。年节喜庆之日多穿高跟木底鞋，鞋跟位于
鞋底中央，高约三五寸，形似马蹄，又叫"寸子鞋"，穿
这样的鞋叫"踩寸子"；女人棉鞋形如夹鞋，鞋脸并排嵌
镶双皮条。中老年妇女习惯穿无勒的厚毡鞋，俗称"毡疙瘩"
或"毡鞋"。岫岩老年人冬季穿毡窝。

　　满族民间男女袜相同，先用数层白布纳成袜底，厚如

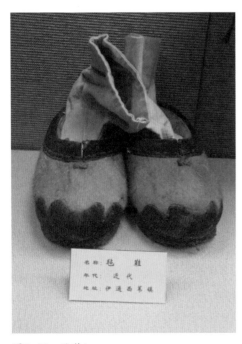

图3-71　毡鞋1

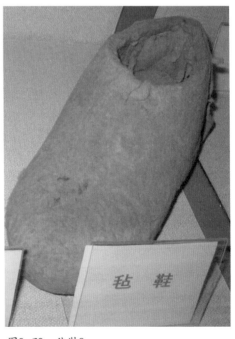

图3-72　毡鞋2

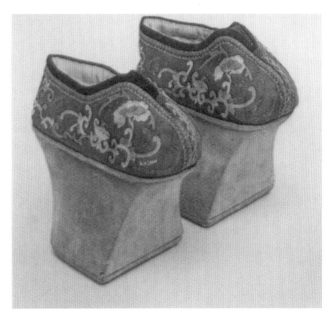

图3-73　女鞋

现在的鞋垫，再以双层白布做鞋靿（图3-74）。袜和鞋一样，都不分左右，双脚可随意穿着，鞋袜做工十分精细。结婚的满族妇女，都准备十几双甚至更多，装满鞋箱子。在满族妇女中常以鞋袜的多少和式样新旧论高低。高嫣玲老人说："袜子素色，当姑娘时自己做的。十五六岁穿布袜子（白、蓝袜子），布是双层的，垫一层然后纳上。"

　　一般的满族妇女不戴帽子。男帽分棉帽、夹帽和草帽，棉帽和夹帽分有顶和无顶两种。有顶的叫小帽，是以丝、棉等布帛六片缝制而成，帽顶多饰红缨和红珠；无顶的叫帽头，是以绒毛制成。本溪县帽头的整体为球状，直径略大于头，将原球内侧重叠成半圆状，内层割成两片做耳扇，平时收在帽内，冬天拉出护耳。戴小帽者要服履整齐，一般多为富裕人家或有一定身份地位的人；戴帽头者多为劳动人民。草帽为夏季用帽，形如伞，多用芦苇和秫秸编制。岫岩的满族头戴圆顶帽，夏季戴草帽，冬戴皮帽，春秋戴缎制瓜皮帽。宽甸的满族则头戴大耳皮帽、毡帽头、粘红疙瘩的瓜皮帽等。北镇满族人出门、会客时多戴礼帽（图3-75），秋冬平时戴毡疙瘩。其他季节戴帽头，帽头由六瓣缝合而成，此外还有四喜帽、秋帽等。❶

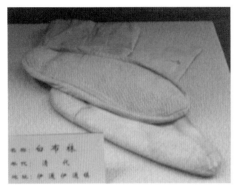

图3-74　白布袜

图3-75　礼帽

2.吉林省民间服饰的概况

在吉林伊通满族自治县，作者采访了几位老人，他们的谈话可反映出吉林满族民间服饰的基本概况（图3-76、图3-77）。服饰以蓝布大褂、斜襟短袄为主，男女都穿。伊通文化馆原馆长张先生（1925年生，满族，镶红旗，从小居住在县城里）说："以前穿大布衫子，蓝色的，马褂也穿过，黑的。8岁上学，就不穿大布衫子了。斜襟短棉袄穿过，七八岁时穿过。后来服装改革了，就不穿了。白袜子没穿过。母亲穿长袍，带绦子的"，"46年结的婚，女方结婚时坐轿来的，蓝色的带绦子的大褂，丝绦镶边的。"1924年出生的满族人李静彬女士说："大布衫子，穿过，旗袍也穿过。天蓝色的，旗袍是绿色的，镶豆绿色边，三分边"，"母亲穿蓝的大布衫，木头底鞋、大旗头，老姨穿过"，"小时候去姐姐家串门，在农村，看见穿大布衫子的多"，"现在（服装）又回来了，袖子很肥的。"萨满文化研究专家富裕光先生（满族，1933年生）说："小的时候穿过大褂，说满语，大褂解放的时候还穿"，"自

---

❶曾慧.东北服饰文化[M].北京：社会科学文献出版社,2018:125.

己的装老衣都做出来了，是长袍马褂。北方满族人做的。鞋没做，用花缎的。"

帽子为六合帽，沿袭明代的六瓦帽。张先生说："戴过疙瘩，六片瓦的"，"穿鼈鞋，黑色的，靰鞡鞋没穿过，农民穿的。女的穿的这些。"富裕光先生说："旗鞋看过他们穿，劳动时不穿，节庆时、拜年时穿。"妇女梳京头，即旗头，因北京流行，所以地方上称为京头，并效仿。富裕光先生说："奶奶、妈妈在大的喜庆日子里戴旗头。"

图3-76　长褂

图3-77　大拉翅

119

3.河北省民间服饰的概况

随着社会的发展，宽城满族自治县的满族在头饰与服装方面有很大的变化。主要是五十岁以上男人喜穿青、蓝色套裤、扎裤脚，上穿坎肩、汗褐，脚着白袜、穿各种皮或布制靰鞡（里絮乌拉草，轻便暖和）、毡疙瘩（图3-78），头戴毡帽或皮帽。五十岁以上妇女大多喜穿右大襟扣襻衣服，戴耳环、手镯，头顶结髻。有时遇有喜庆、贺寿、外出或逢年过节，还要插扁方等。老年男女爱使长杆烟袋，上系绣有各种图案的烟荷包和其他佩饰。妇女、儿童穿绣花鞋（图3-79），枕绣花枕头。儿童穿"马蹄袖"袄，上绣猫等图案。青年妇女喜戴耳坠、手镯、戒指。此外，直领、短窄袖、开右大襟、钉扣襻、紧腰身、长至膝下、两侧开衩的女式旗袍也在流行。

在服饰上，丰宁满族自治县的男子喜穿青、蓝色服装（图3-80），普遍保留着穿套裤、扎裤脚、着白袜、穿坎肩的传统装束。四十岁以上的满族妇女，喜欢穿右大襟扣襻衣服（图3-81）。满族妇女、儿童穿绣花鞋，枕绣花枕头，姑娘们擅长剪纸和刺绣。男女老幼都习于在便服中留一部分干净衣服，在应酬喜庆、祝寿或外出时穿用，称"出

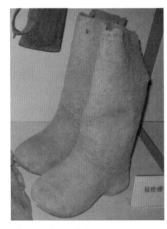

图3-78　毡疙瘩

图3-79　女绣花鞋❶

---

❶辽东学院柞蚕丝绸与满族服饰博物馆藏品。

门衣服"，以示体面。平时居家、务农或工作穿一般衣服，比较节俭，破处缝补，褪色涤染，有"笑破不笑补"之说。在头饰上，农村的部分满族老年妇女还保留着满式发型，有的逢年过节时梳起来，插扁方，戴耳环，手镯。同时，在满族老年人中，男、女都爱吸烟，使长杆烟袋，烟荷包上绣着各种图案且多佩饰。❶

图3-80　蓝布对襟棉褂❷

图3-81　大襟女褂

---

❶政协丰宁满族自治县文史资料研究委员会,丰宁满族自治县民族文史资料研究会.丰宁满族史料[G].承德:丰宁满族自治县民族文史资料研究会,1986:73.
❷辽东学院柞蚕丝绸与满族服饰博物馆藏品。

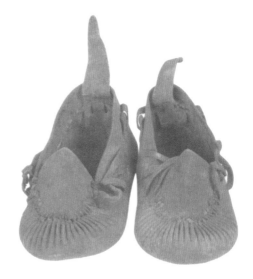

图3-82　青龙满族自治县成立大会上　　图3-83　靰鞡鞋
穿长袍、戴礼帽的县长

图3-84　女士旗袍

青龙满族自治县的满族男子喜欢穿旗袍，款式多样（图3-82）。到了20世纪40年代，满族男性旗袍废弃。现在满族男子虽然没有穿旗袍的，但当时穿旗袍所讲究的一些佩饰，有的还依然存在。主要佩饰有"褡裢"，即装钱袋，中间有口，两边为布兜，长有尺余，系于腰际。褡裢有的用皮制作，有的用绸缎制作，上有褡盖，并绣有盘长、云头或各种花草。过去青龙满族男子冬天喜戴毡帽，现在青龙一些满族老人冬天仍喜欢戴这种帽子。过去农村满族人普遍穿靰鞡。穿靰鞡走荆棘泥泞不损不湿，走雪地不冻不陷，满族人打猎，特别是在雪地打猎，尤其喜欢穿靰鞡，现在山里一些满族老人仍喜欢穿靰鞡（图3-83）。过去青龙满族女人喜欢穿旗袍（图3-84），有的在旗袍外还喜欢穿外套，外套主要指马褂或坎肩。现在青龙的满族妇女还有穿旗袍、马褂和坎肩的，但式样跟过去不一样。做上衣时，喜欢用布带儿打成蒜疙瘩作纽扣，这种纽扣男女都用。满族老人冬天还有扎裤脚的习惯，老年妇女冬天还爱戴黑色大绒做的平顶帽子来防寒。

在围场满族蒙古族自治县，富户人家衣料用绸缎或洋布，一般人家多用粗土布，颜色多为青和蓝。男女上衣分单、棉、长袍、短褂，样式都是直立小圆领，偏大襟，在脖领处至右臂下结五个蒜疙瘩扣（图3-85）。鞋则是经久耐用，朴素大方。冬穿棉鞋和毡疙瘩（毡鞋），夏天穿夹鞋。袜子最初穿自制的粗布双层袜，后来则被现代的袜子所取代。年轻妇女头上戴钿子或戴发撑子（图3-86）；老年妇女则在头顶上盘纂。男孩穿虎头鞋戴虎头帽（图3-87、图3-88），女孩则穿花鞋。

在20世纪80年代以前，满族民间服饰的民族特点在农村仍然很明显。20世纪80年代以后，原有的服饰形制就渐渐消失了。在凤城市刘家河镇秋木庄村，93岁的李姓老人说："我年轻的时候穿长袍，外面套着马褂，蓝色的，黄色的什么色的都有。"80岁的满族正黄旗张大娘说她年轻的时候看见母亲"穿大肥袖的衣服，后来就拆了"，自

图3-85 蒜皮疙瘩

图3-86 头饰

图3-87 虎头帽❶

图3-88 虎头鞋❷

❶辽东学院柞蚕丝绸与满族服饰博物馆藏品。
❷袁仄, 蒋玉秋. 民间服饰 [M]. 石家庄：河北少年儿童出版社, 2007:175.

己也"穿大布衫，手工做的"。新宾满族自治县赫图阿拉城一位 69 岁的满族老人说："饮食上还有满族的特色，立梭罗杆，吃黏火勺什么的。"新宾满族自治县民族宗教事务局李局长说："服装没有穿的了。长袍根本就没有了。"新宾县腰站村原村主任肇玉砚（1954年生，右翼镶蓝旗）说："20世纪60年代就没有穿四布大衫了，胶皮轧鞡还穿，穿解放鞋了。袜子穿过，布的，双层的。蓝褂子没穿过，看见母亲穿过，去拜年。平时不穿，干活没法穿。"高嫣玲老人说："长袍穿过，大布衫没穿过，穿干部服。老婆婆在农村还穿。纽襻，系带子，旗头没有了。母亲梳过旗头。旗鞋没看见穿过。"

目前，传统的满族服饰只是在特定的节日、旅游景区等特殊场合被展示出来，同时满族服饰元素也成为民俗作品（如剪纸）的创作来源。

4.广东省民间服饰的概况

据《广东满族志》记载：广东满族的服装，虽与东北满族服装相比有了很大的变化，但仍保留自己的民族特色。建国初期，男性老年人仍喜爱穿着长衫，内衣是对襟扣衬衫，有束裤脚的习惯。青壮年也以长衫为主，内穿对襟衫，在长衫外面套一件"嵌心儿"。旗袍也做了许多改进，有窄袖、短袖、无袖等多样款式，并成为当代盛行的时尚服装。男子曾戴卜帽或"红缨帽"。妇女头饰十分讲究，结髻盘头，而且已婚和未婚有严格区别。未婚女子梳的是"盘头"，即将长发由正中分两边拨开，再结两小髻在左右，称为"拨顶"。已婚妇女不分发，直梳长发至后脑结髻，不拨顶。髻上戴上旗头，又称两把头。随着社会的发展，今天的满族妇女已不再戴此头饰。满族不论男女老幼都习惯穿白袜套，男子鞋为双梁鞋。女子所穿鞋子较特别：鞋面由绣花布制成，鞋底为木制，中部加大，上敞下敛，成倒梯形，称为花盆底鞋。若鞋底中部木块前平后圆，上细下宽，落地印如马蹄，又称马蹄底鞋。❶

---

❶曾慧.中国民族服饰艺术图典·满族卷[M].济南：山东文艺出版社,2017:79.

第四节
满族民间佩饰

一、头饰

簪（图3-89）、钗、步摇、耳挖簪、扁方（图3-90）是满族妇女佩戴在头上的几种饰物，它们均由簪首和挺两部分组成，在簪首以珠翠、宝石、点翠、累丝等工艺制成华美的花饰。清代的大扁方长簪是满族妇女头饰中不可缺少的一种首饰，一般为长方条形，有长有短，长的为30~35厘米，短的为12~15厘米，宽约7厘米，贯于发髻之中。扁方有白玉、铜镀金、沉香木、玳瑁或翠玉等质料之分。

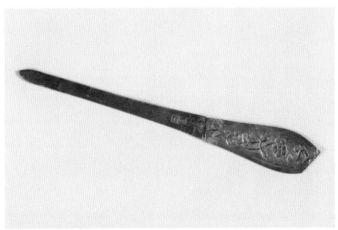

图3-89　银簪❶

图3-90　银扁方❶

❶辽东学院柞蚕丝绸与满族服饰博物馆藏品。

二、帽饰

清代帽饰的品种较多，可能跟清代男子的发式有关系。从历史存留下来的图片资料来看，清代男子绝大部分都有戴帽子的习惯（图3-91）。不论是《满洲实录》，还是康熙、乾隆《万寿盛典图》，不论是写实绘画，还是摄影照片，均反映了这一社会风俗。

小帽即便帽，又叫作"秋帽"，俗称"瓜皮帽"（图3-92），沿袭明式的六合帽，是清代男子常戴的帽饰之一。帽作瓜棱形圆顶，后又作略近平顶形，下承以帽檐，为士大夫燕居时所戴。帽胎有软胎、硬胎，圆顶或略作平顶者都作硬胎，用黑缎、纱，或以马尾、藤竹丝编织成胎。帽檐有用锦缘，或用红、青锦线缘并以卧云纹。用红绒结为顶，顶后或垂红缨尺余。清末时帽顶结子小如豆，且用蓝色。至宣统时，帽檐有重叠多至七八道者。小帽内衬里大多用红布，如有丧者则小帽用黑或蓝布，帽顶结子用白色，轻丧者用蓝结子。

毡帽（图3-93）沿袭前代，作为农民及市贩劳动者所

图3-91　清末满族服饰❶（后排左一、左二、右二，前排左一为头戴便帽；后排右一所戴帽饰为毡帽；前排右边二位旗人妇女着元宝底旗鞋男女均穿长袍，外罩或马褂，或坎肩）

图3-92　瓜皮帽❷

---

❶沈嘉蔚.莫理循眼里的近代中国 [M]. 福州：福建教育出版社,2005:82.
❷首都博物馆藏品。

戴的款式有如下几种：一是大半圆形；二是半圆形面顶略作平些的；三是四角有檐反折向上；四是反折向上作两耳式，在折下时可掩两耳；五是后檐向上反折而前檐遮阳式的；六是顶作带有锥状者。另外士大夫们在燕居时所戴的便帽，则加金线蟠缀成各种花式，如四合如意、蟠龙、金线镶缘等几款，也有里面加以毛皮的，是北方及内蒙古等地常戴式样。

风帽也叫作"风兜"，后来又称作"观音兜"，因与观音大士所戴的相似而得名，有夹的也有中置棉花或用皮制的，多为年老者及儿童蔽风寒所用。以紫、深蓝、深青色为多（图3-94），一般都用黑色，红色为高官所用。到光绪年间,上海地区都戴红风兜(图3-95)，以绸缎或呢为料或加锦缘，戴时是加于小帽之上，老太太以及和尚、尼姑也戴，但都用黑色。

图3-93　戴毡帽、穿短衣的小贩❶

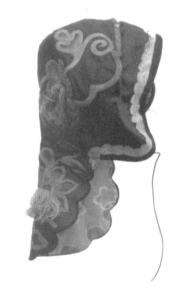

图3-94　蓝地棉风帽❷

图3-95　红缎女童风帽❸

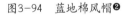

❶胡铭,秦青.民国社会风情图录：服饰卷[M].南京：江苏古籍出版社,2000:9.
❷袁仄,蒋玉秋.民间服饰[M].石家庄：河北少年儿童出版社,2007:148.
❸袁仄,蒋玉秋.民间服饰[M].石家庄：河北少年儿童出版社,2007:149.

图3-96 皮帽❶

　　皮帽（图3-96）也叫作"拉虎帽"，脑后分开而系以二带。又有"安髩帽"，脑后不分开，本为皇帝狩猎所戴，后来王公也戴。有用毡做的，左右两旁用毛，可翻下掩耳，前用鼠皮，大多为北方寒冷时所戴，也叫作"耳朵帽"。

　　凉帽为农民所戴，用藤、竹、麦秸织成，有檐出于周围者叫"台笠"，为卑贱者所戴。凉帽初期尚扁而大，后尚高而小，继而又尚高而大，后又恢复尚扁而大（图3-97），康熙朝之后又尚高而小（图3-98）。

图3-97 康熙朝凉帽❷

图3-98 嘉庆朝凉帽❸

---

❶伊通满族博物馆藏品。
❷王元祁，宋骏业，等．万寿盛典图 [M]．北京：学苑出版社，2001.
❸朱诚如．清史图典·嘉庆朝：第八册 [M]．北京：紫禁城出版社，2002:184.

三、耳套

耳套又称"暖耳""护耳"，是冬季御寒、保护耳朵的一种饰物，是满族妇女精心设计、实用性及设计感极强的一种佩饰（图3-99）。耳套用缎或布制成，或用毛皮做边饰，主要是保护双耳不受寒冷侵袭（图3-100）。

四、足饰

在清代，汉族妇女仍穿着各种各样的弓鞋，而满族妇女则穿着用木制的平底或高底平头旗鞋。因这种鞋为旗人所穿，故称为旗鞋，是满族妇女特有的鞋式。旗鞋从底上分有两种，一种为平底，另一种为高底。平底鞋的鞋底与朝靴相似，厚4~5厘米，前部高高翘起，翘的高度与鞋面

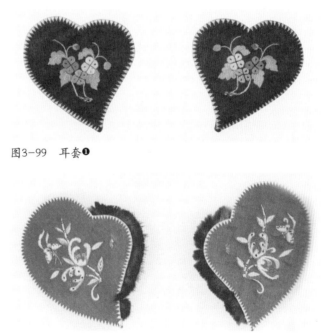

图3-99　耳套❶

图3-100　蓝缎地平针绣蝶恋花耳套❷

❶崔荣荣,张竞琼.近代汉族民间服饰全集 [M].北京:中国轻工业出版社,2009:98.
❷王金华,周佳.图说清代女子服饰 [M].北京:中国轻工业出版社,2007:184.

齐平（图 3-101）。此种平底鞋，多为方口，有夹、棉之分，样式除鞋底前部翘起之外，别处均和现在一些农村男子所穿的方口齐头布鞋一样。平底鞋鞋面上均绣有各种各样的精美纹饰。其中最典型的要数为慈禧做的明黄色凤头鞋了。此鞋的鞋帮两侧，绣五彩缤纷的凤尾，鞋脸两侧绣光彩夺目的凤翅，鞋面正中则是绣凤强壮而美丽的身躯及高高仰起的颈和头。绣工精致，用色鲜艳协调，形象生动逼真，就像一只活灵活现的凤凰趴在鞋面上一样。❶

高底鞋是清代最富民族特色的女鞋（图 3-102）。其最大特点是在鞋底的中间，即脚心的部位有一个高十多厘米的底，高底均用纳好的几层细白布裹蒙。这种高底按其形状可分为马蹄、花盆、元宝三种。安上马蹄底，就叫马蹄底鞋；安上花盆底，就叫花盆底鞋（图 3-103）；安上元宝底，就叫元宝底鞋（图 3-104）。鞋的名称是根据鞋底的形状而定的。高底鞋的鞋口多镶边，有的镶一道，有的镶两三道不等。鞋面多绣各种花卉及动物纹图案。制作方法是用各种手法的刺绣和堆绣（用各种彩绸剪成各种图

图3-101　凤头鞋❷

❶曾慧.满族服饰文化变迁研究 [D].北京：中央民族大学 ,2008:121.
❷宗凤英.清代宫廷服饰 [M].北京：紫禁城出版社 ,2004:180.

图3-102 高底女旗鞋❶

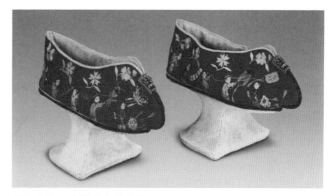

图3-103 花盆底女旗鞋❷

图3-104 元宝底女旗鞋❸

❶张琼.清代宫廷服饰[M].上海:上海科学技术出版社,香港:商务印书馆,2006:275.
❷张琼.清代宫廷服饰[M].上海:上海科学技术出版社,香港:商务印书馆,2006:278.
❸张琼.清代宫廷服饰[M].上海:上海科学技术出版社,香港:商务印书馆,2006:277.

案,用线把图案钉缝在鞋面上)的工艺。这种高底鞋有夹、有棉,夹鞋多为短脸敞口,棉鞋多为长脸紧口骆驼鞍式鞋。清代满族百姓家的妇女平时所穿着的旗鞋为平底鞋,在结婚或节日等庆典活动时才穿着高底鞋。这种高底鞋的优点一是可以增加身高,使人显得挺拔;二是可以在雪地或泥泞处行走时保持鞋面绣花不受污损,缺点是行走不太便利,所以清灭亡后,这种鞋在百姓生活中就消失了,但在现代节日庆典中,它还作为满族传统服装的一部分来展示。

清代女鞋还有一种形式为便鞋,也称绣花鞋(图3-105)。底较旗鞋要薄,便于行走。用缎、绒、布制成,鞋面浅而窄,鞋帮有刺花或鞋头作如意头挖云式,鞋面作单梁或双梁。

清代男子,皇帝、官员着靴(图3-106、图3-107),士庶穿黑布鞋,体力劳动者穿草鞋(图3-108)。但到清末这种区分也不是很严格,也有互相串穿现象存在(图3-109)。

图3-105　女便鞋❶(紫缎地平针绣鱼戏莲绣花鞋)

---

❶王金华,周佳.图说清代女子服饰[M].北京:中国轻工业出版社,2007:160.

图3-106 光绪用石青素缎小朝靴❶

图3-107 多尔衮像❷（脚穿尖头朝靴）

图3-108 草鞋❸

图3-109 男式双脸鞋❶

❶常沙娜.中国织绣服饰全集：第四卷：历代服饰卷（下）[M].天津：天津人民美术出版社,2004:477.
❷朱诚如.清史图典·顺治朝：第二册[M].北京：紫禁城出版社,2002:92.
❸袁仄,蒋玉秋.民间服饰[M].石家庄：河北少年儿童出版社,2007:166.

五、挂饰

荷包又称香囊、香荷包、锦囊、香袋等，在汉代以前就有，盛行于唐代以后。满族的荷包经历了一个从实用到美观、面料上从皮革到绫罗绸缎的过程。满族人佩戴荷包是从唐代开始，荷包盛行起来是满族入关以后。按满族祖先女真人的传统生活习俗，外出行猎时都在腰间系挂"法都"（fadu），就是发展到清代时的荷包香囊。法都是用兽皮做成的皮囊，里面可装食物，囊口用皮条子将口抽紧，便于在远途中充饥。此时的荷包以实用为主，体积较大，这是满族荷包香囊的前身。后来女真人强大了，女真贵族与汉族频繁交往，仿效汉人用绫罗绸缎等丝织品制作荷包、香囊、褡裢、火镰袋、扇套等既实用又有装饰美化意义的小挂件，佩挂在腰带两侧，突出了荷包的装饰性，并成为定制。女子则把荷包、香囊等挂在大襟嘴上或旗袍领襟间的第二个纽扣上，年岁大的妇女也有在腋下与巾子挂在一起的。有清一代，上至皇帝下至奴仆、百姓都喜欢戴荷包。宫中还设有专门机构制作荷包，每年承造若干交执事太监处收贮，预备赏赐。"衣库每年成造荷包二百对，交执事太监处收贮预备赏用"❶。清代朝廷规定，每年岁暮皇帝要例行赏赐诸王大臣"岁岁平安"荷包；平时的四时八节，皇帝也要行赏以示恩宠。得到赏赐之后，将荷包挂在前胸的领襟间，候于宫门之外站班谢恩。乾隆三十年（1765年）十一月，总管太监王成传旨："年例交衣库做绣花大荷包五十对……要求于年底做成交进。"❶清代荷包花色品种之多，应用范围之广，朝野重视的程度超过了历史上任何朝代。清代的荷包形状繁多，有心形、桃形、葫芦形、书卷形、元宝形和方形荷包，荷包上大都绣有图案或文字，纹样主要是花鸟虫鱼、十二属相和祥禽瑞兽以及戏曲故事、脸谱、风景、博古图等，文字多为吉祥用语和祝福的颂词（图3-110）。荷包成为满族人民生活中送礼、祈福的一

---

❶故宫博物院.故宫珍本丛刊第309册：钦定内务府则例二种第四册[M].海口：海南出版社,2000:16.

种祥瑞礼物，是传达满族人民表达爱意、联络感情、身份
地位、祈求平安、多子多福、健康长寿等内心愿望的一种
信物。近代以来，随着社会的变迁和生活的现代化，荷包
的应用范围越来越小，制作的人也越来越少，这是整个民
族民间文化生态失衡和文化水土流失的一个表现。

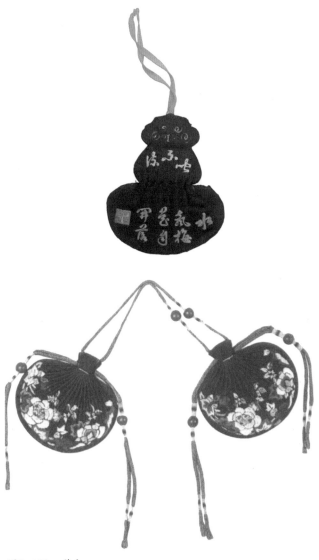

图3-110 荷包

　　早期的满族枕头为长方形，长短不一，分为枕套和枕顶，枕头顶是置于枕头两侧的正方形绣片，每套枕头顶是成对的，主要起支撑作用，使整个枕头始终保持方方正正的状态。随着社会的发展，枕头顶除了具有使枕头挺阔的实际功用外，还具有装饰性。满族妇女为增强其美感，在上面绣上精美的图案（图3-111、图3-112）。枕头顶在满族妇女一生中占有很重要的位置，它是衡量满族女子贤惠、心灵手巧、操持家务以及家教如何的标准之一。因此满族妇女非常注重枕头顶的制作，不论家贫家富均在家中描花样，绣、纳枕头顶是满族妇女必不可少的嫁妆。

图3-111　白缎枕头顶❶

图3-112　白缎花卉枕头顶❶

❶辽东学院柞蚕丝绸与满族服饰博物馆藏品。

　　帐套是用于收拢炕上帐帐的用品，满族居住的房间内是万字炕，为方便起居，在南北炕间夜晚睡觉时要挂一帐帐（类似隔帘），白天要将帐帐卷起，收于帐帐套中。帐帐套一般为长方形，两面均有刺绣图案，表达满族人民美好心愿（图3-113、图3-114）。

图3-113　白缎镶黑缎边花卉帐帐套❶

图3-114　白缎镶黑缎边福字帐帐套❶

其他挂饰主要包括褡裢、钱袋子和扇套。褡裢原是搭在肩上或马背上盛物所用的一种佩饰，其形制为形状细长，中间开口，开口相对，两边有袋，大小相当（图3-115）。古代衣服上无口袋，因此褡裢起到了口袋的作用，也可说是口袋的雏形。到了清代，褡裢已经成为一种挂在腰间的装饰品，清代《都门竹枝词》记载："口袋褡裢满满装，缩纱竹子杂槟榔。"钱袋子是满族荷包的化身，依照荷包的制作方法做成的袋子专门用来装钱用，故又称钱荷包。旧时的满族人民过着游牧的生活，为满足生活的需要，他们常将一些碎银子放入钱袋中佩于腰间。随着人们审美观念的提升，钱袋子的实用和审美功能在清代同时并存，袋上绣有各式图案，各种寓意彰显其上（图3-116）。扇套是清代贵族身上的装饰品，一般也都绣有精美的图案，有时还绣有一些诗句。扇套呈扁筒形、底为椭圆形、口略宽、上面的盖系扣（图3-117）。扇套并非满族游牧生活的必需品，清中期以后宫廷成套佩饰中才出现了扇套，扇套的出现有着浓厚的宫廷生活色彩。❶清代晚期，各种随身小件绣品花样更加繁多，如眼镜盒、怀表套、烟袋、火石袋等。宫廷中常有活计一套九件，这九件挂饰为荷包、扇套、槟榔套、鞋拔子、眼镜套（图3-118）、扳指套、怀表套、褡裢、名片盒。❷

❶殷安妮.故宫藏清代宫廷织绣活计[J].文物,2007(9):82-83.
❷包铭新,赵丰.中国织绣鉴赏与收藏[M].上海：上海书店出版社,1997:36.

图3-115　褡裢❶

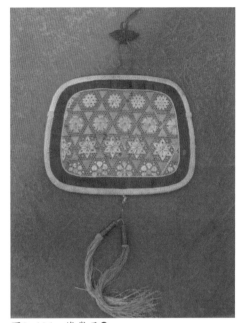

图3-116　钱袋子❶

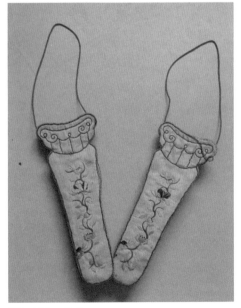

图3-117　扇套

图3-118　眼镜套

❶辽东学院柞蚕丝绸与满族服饰博物馆藏品。

Chapter 04

第四章　满族服饰变迁体现的文化自觉

  文化是一种生活方式，当代文化显示的是当代人的生活方式、生活态度，在生活方式、生活态度的背后又有一整套完整的价值内涵，而每一套价值内涵的背后又包含一系列这个社会、这个时代、这个民族、这个国家诠释世界的方式和态度，它是一套世界观，也是一套宇宙观，是广阔深厚、恒长久远、触动人心的普世价值，也是一种深植人心的情怀，这种生活态度和生活方式如果形成，那么国人在和其他民族和国家以及人群交往的时候，所展现的态度和气质是从容的、自信的、大气的和坚毅的。

  本书在挖掘满族服饰优秀元素的基础上，唤醒国人在当代社会背景下通过记忆和回忆的方式，用新的眼光去看旧事物。盘点记忆的目的不是为了回头看，而是为了可以超越自我，可以进入一种新的时代里面，找到新的力量，看到新的愿景。满族服饰之所以能够在清朝灭亡后依然成为时尚元素，是因为在当代人们心中，要唤起一种离生活最近的能够给人们带来享受的记忆。满族服饰正符合这种条件，因此成为人们的记忆内容，也就顺理成章地成为用新眼光来看旧事物的主要原因。

  满族是在中华民族发展史中占有重要地位的少数民族之一，它建立了中国最后一个封建王朝。满族贵族所建立的清朝，统治中国长达近三百年，晚清又是中国近代史的开端。从闭关锁国到受到西方文化的冲击，直至今日在市场经济和全球化时代的历史进程中，满族的社会、经济、文化都经历了巨变，它在不同的时代背景下形成了自己发展变化的轨迹。满族服饰在自身的发展中继承和创造了本民族的优秀文化，形成了优秀的民族艺术精神，它在中国历史发展的进程中产生了深远的影响，发挥了重要的作用。

　　满族服饰与女真人的服饰一脉相承，与肃慎到女真这一时期的服饰文化有着千丝万缕的联系。她不仅继承了女真服饰艺术文化，而且在满族历史发展的进程中不断丰富和变化着。在满族服饰艺术文化中，可以找到许多从他们先祖那里继承下来的痕迹，其中一些内容已成为满族服饰文化发展的基因和核心，服饰艺术文化的种子从先祖那里就已经种下了。清代中期以后，满、汉民族服饰的融合越来越深入，这是中华民族历史服装的必然趋势。但是这种融合并不代表着满族民族服饰的消失，而是在新的历史条件下，民族服饰所表现出的新特点。从民族发展上来说，民族特征的形成经历了一个不断丰富发展的过程，这个过程从她产生之日起就从来没有停止过。随着历史的进步，环境的变迁，条件的变化，民族特征也可能在一定程度、一定范围内发生变化，在历史上形成的某些民族特征在今天就有可能减弱、消失或增加新的内容，演变为新的形式——再生，这种变化是正常的，是符合民族发展规律的。任何一个民族都不会在历史发展的情况下永久地、一成不变地保存最初形成的那些特征，满族服饰是这样，汉族服饰也是这样，所有的民族服饰都是这样。[1]把民族形成时期的特征作为衡量一个民族在今天是否存在的唯一固定的标准，显然过于僵化。

　　人类服饰作为一种实用艺术，是实实在在存在的一种物化形式。当服饰开始孕育产生和向前发展时，其实用、功利和艺术审美的进程也拉开了序幕。人们在满足基本的实用功利目的的同时或之后，就产生了艺术审美需要，这种需要意味着人类在创造文化和展示文明，也正是这种审

---

[1]张佳生 . 满族文化总论 [J]. 满族研究 ,1999(3):15-26.

美艺术成为推动服饰艺术发展的第一要素。服饰艺术的产生和发展与人类整个文明的演进历程休戚相关，服饰总是表现出特定时代的民族审美情趣和精神气质。

服饰作为民族文化的一种符号载体，内涵丰富，在没有文字记载的时代，服饰就是形象的史书。民族服饰是民族文化的综合载体，它承载了一个民族的物质文化、社会文化和精神文化。服饰与其他文化现象一样，不是孤立的、静止的、封闭的。它将随着自然环境的变化、时代的发展而变迁，并在各民族的交往中，互相影响而不断丰富它的内容。古老的满族服饰，既包括本民族数千年来世代相因的旧俗，也包括在其发展过程中吸收、融合其他民族的新风，源流汇一，构成了满族服饰艺术的总体。

在探寻满族服饰艺术发展的过程中，可以看到满族服饰艺术主要受到自身经济、生产生活方式、居住的地理位置、环境、气候和居住方式、与中原汉族人民的交流以及其他主要少数民族的影响，他们之间存在着相互制约和相互作用的关系，所以任何一个民族它的发生、发展，进化和演变不是独立存在的。满族服饰艺术就是在这样一个大环境下一步一步形成、发展和成熟起来的，她成为满族最为直观、最为根本的特征文化。满族服饰艺术的发展离不开人类服饰艺术发展的一般规律。从满族先祖肃慎开始，服饰艺术的特质和审美特征慢慢出现，清代时期功利和审美成为影响满族服饰发展的主要因素。到了现当代，审美已经成为满族服饰传承、发展、创新的首要因素。满族服饰的形制之独特、佩饰之繁复、纹样之唯美，既体现出满族服饰文化艺术的精湛造诣，也反映出满族的审美意识和审美意趣，使其审美特征突出而明显。在漫长的历史发展中，满族服饰逐渐形成了自己独特的艺术特质和审美特征。满族服饰的艺术特质和审美特征揭示了其在不同时期的特点、源流及其传承、演变的过程；揭示了服饰的传承性、变异性、民族性、阶级性、地域性、时代性等特点。下面将从几个方面来阐述满族服饰艺术的形成和特征。

第一节
实用与审美的结合

　　这一阶段形成的时间主要是在满族先祖肃慎、挹娄、勿吉、靺鞨时期。生存需求是人类的首要需求，服饰的起源和发展都与需求息息相关，满族服饰也同样如此，这一时期服饰以遮身蔽体，防寒御暑和防止外物的伤害为主要目的，通过狩猎、驯养动物而获得大量的猪皮、猪毛、貂皮等兽皮，为满族先祖提供了创制服装的原材料。这一时期的满族先祖们穿皮衣、戴皮帽，围披皮毛，并能将毛纺成线，织成布，用来保暖。随着社会生产力和生活水平不断提高，在服装保护功能实现的基础上，服饰的审美功能也随之出现，满族先祖们的审美意识也是如此。这时的审美主要表现在用赤玉做装饰品，头插虎豹尾，缀野猪牙，插雉尾为冠饰，这种装饰可能是永久性的，也可能是暂时的，这些装饰大多数都是以审美需求为动机的。这一阶段的服饰无论从实用性，还是审美需求上，均是利用大自然提供的物质，就地取材。

　　随着社会的发展，服饰的实用功能继续发挥着作用，实用技术的进步提高了人们驾驭形式的能力，它使服饰的工艺更为实用，更为精致。而服饰的审美作用却在日益增强（图4-1）。满族服饰从满足实用的需要到满足精神的需要，并逐渐形成自发的审美需要，体现出人们的理想和愿望，其节奏、对称、色彩等体现着自然法则。正像马克思所说："凡属人类的生产，一开始就是'不仅按照需要的法则'，而且总是同时'按照美的法则'造成东西。"

图4-1　清代孝贤纯皇后冬朝服像❶（头戴朝冠，外着朝褂、披领，内着朝袍。领饰领约，佩三盘朝珠，胸饰彩帨）

❶常沙娜．中国织绣服饰全集：第四卷：历代服饰卷（下）[M]．天津：天津人民美术出版社,2004:320.

满族服饰的审美功能从原始时期开始至现代社会，从来没有间断过，并且会在某一时段出现审美高潮，如清代时期的宫廷服饰，其审美性可达到中国历史时期服饰的顶峰。服饰具有美学特征：服饰中的图案、佩饰，服装的款式构成了中国服饰的美学特征。静态的图案、佩饰、款式及其面料同站立、行走中的人结合起来，一展开—行走转为一种线的流动，加上色彩的闪烁、佩饰物发出的自然音响等，使服饰变成了一种线的艺术。静，是线的分明；动，是线的变化。清代时期的满族妇女头戴扇形旗头，身穿旗袍，足着高跟木底旗鞋。这套旗装，保留了民族传统风范和实用特色，同时又具有宫廷生活所要求的端庄华贵气质。旗装之美，就造型而言：宽大扁平的旗头下连垂长体的旗袍，下面所穿的旗鞋仅只两个细木跟着地，构成一个上大下小，具有动感的倒置三角形体。鲜明的形式感，使充满青春活力的年轻女性形神得以完美展现。旗袍的结构单纯、造型简练大方，在静态中，由于两臂自然下垂，肩头圆润的转折，娟秀宜人。腰身和两袖形成的富于装饰感、并有对称变化的楔形形体，益增体态修长、亭亭玉立之感。戴上宽长的旗头，限制了脖颈的扭动，使身体挺直，再加上长长的旗袍和高底旗鞋，使她们走起路来显得分外稳重、文雅。两把头的燕形扁髻贴在后脑，使人不得不挺起颈项，脚踏中心落地的旗鞋必然使身体保持挺胸收腹态势，这两个"挺起来"，对于人体的举止动作具有规定性作用，促使人焕发精神，举止动作有矩度，呈现庄重、优雅、矜持的闺秀风度。旗鞋使脚尖、脚跟虚空离地，待要行走时，不可能拖沓或撇足，必然要提胯，抬腿并将小腿轻轻甩出，每移一步，都自然会有微妙的蹲步、跳跃，使步履有着狐步的韵致，呈现一种历代宫廷妇女十分罕见的活泼、潇洒的风韵，增加年轻女性形体的柔美和楚楚动人的神韵风姿。在行走顾盼之间，头部旗头两侧长长的流苏，摇曳抖动，使端庄、娴雅的举止注入灵气，而显得俏丽俊美。高跟鞋把身体凌空托起，无论伫立或行走，都使体态显得轻盈灵巧，如风摆柳，实属服饰审美案例中的典范。

第二节
彰显民族特征的符号象征意义

彰显民族特征的符号象征阶段从金代开始，在清代达到鼎盛，于民国时期转型，之后衰落，20 世纪末又重拾满族服饰的符号象征特征。

除了满足实用和审美需要之外，人体装饰或装饰品还可以用来表明社会内部的社会地位、阶层、性别、职业或宗教。虽然衣着本身没有阶级性，但在阶级社会里，什么人想穿什么衣服或以什么衣服为美，往往反映或渗透着他们的阶级观念和审美意识。皇帝头上的审美性和象征性相结合的冠饰、王公大臣的官服、朝袍，这些高贵地位的符号标志都在阶级社会中得到人们的认可。服饰成为社会角色和等级身份的标志，这是社会分工复杂化、等级身份严格化之后的产物。随着家族制度、社会制度的变化和社会等级的变化，身份的尊卑、地位的高低都在服饰上有所显示，"锦衣"与"布衣"成了等级的标志，"丝绸"与"葛麻"成了贫富的标志，紫色衣服是达官贵人的标志，灰色、蓝色衣服成了平民百姓的标志。

　　人的衣、食、住、行，参与政治、文化、经济等各方面的活动，都离不开符号。正是由于符号能力的产生和运用，才使得文化有可能永存不朽。服饰同语言一样，也是一种符号。法国著名美学家、符号学家罗兰·巴特明确指出，包括服装系统在内的整个文化都是一种语言，即事无巨细，文化结构和语言结构一样，总是由符号组成的。服饰实际上作为一种无声的语言参与了人际关系的协调。服饰的创造和传承是以符号为媒介的。不论是古代人还是现代人，不论是汉族人还是兄弟民族，都被包裹在这个或原始或摩登的外壳里，所以说，服饰是记录人类物质文明和精神文明的历史文化符号。每一个民族的服饰，既是一种符号，又是一个自成一体的符号系统。它的生成、积淀、延续、转换，都与人类文化生活的各种形式——神话、宗教、历史、语言、艺术、科学的发展有关。每一种民族服饰艺术的生成，都是这个民族精神、文化发展的一部史诗。民族服饰既是一种功能符号，又是一种艺术符号。它的意指作用具有两重性：能指与所指。服饰是标识人的社会地位、阶层或阶级的一种符号。汉代贾谊云："是以天下见其服而知其贵贱，望其章而知其势位。"格罗塞在比较原始社会和文明社会中服饰的变化后指出："在较高的文明阶段里，身体装饰已经没有它那原始的意义。但另外尽了一个范围较广也较重要的职务：那就是区分各种不同的地位和阶级。在原始民族间，没有区分地位和阶级的服装，因为他们根本就没有地位阶级之别的。在狩猎民族间，很难追溯出社会阶级的影迹。"但是人类社会一旦进入阶级社会，人以群分打上了阶级的烙印，衣着的色彩、质料等也成为区分社会地位高低的一种标志。

　　满族服饰艺术文化产生的最重要基础就是具有统一的民族自我意识。在清朝统治中国 268 年的时间里，满族贵族统治者将服饰的典章制度作为增强民族自我意识的一个重要手段。1644 年清朝统治者入关后，强制执行衣冠制度，使之成为中国封建社会中唯一一个将本民族服饰贯穿于统治区域内的少数民族。虽然在执行过程中手段过激，但是满族服饰文化得到了更加迅猛的发展，丰富了服饰的内涵，使文化层次达到了很高的水平。满族先祖从金代时期至大清王朝以至民国时期的满族服饰均保留着鲜明的民族文化特征，清代时期的满族服饰尤其是入关后民族风格突出，服饰制度规范化（图4-2~图4-7）。服饰上的图案是官阶的符号，起源于唐朝盛行于明、清时期的补子就是最好的例证。帽子、帽饰也是展示一个人的身世地位、学识和财产的符号。在清代，顶戴花翎是身份、品级的象征。清代官定服饰作为文化的表征，它体现了两个意义：一是将人的自然形体转变成为文化，使人成为高级的人还是低级的人。二是将等级不同清楚明白地区分开来。这就决定了清代官定服饰的区分性大于服饰的同一性，是服饰作为象征符号的代表。

图4-2　清代贵族妇女常服旧照❶
(1911年后的婉容：头戴大拉翅，身着多道花边镶滚德袷袍，两侧开裾至腰下，并镶滚如意头式样)

图4-3　披领❷

❶常沙娜.中国织绣服饰全集：第四卷：历代服饰卷（下）[M].天津：天津人民美术出版社,2004:330.
❷王智敏.龙袍[M].台北：台湾艺术图书公司,1994:114.

图4-4　耳套❶

图4-5　清代雪灰绸绣花蝶纹花盆底鞋❷

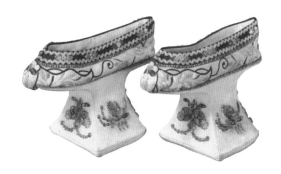

图4-6　清代黄色缎绣花卉纹花盆底鞋❷

图4-7　清代湖色缎绣人物纹元宝底鞋❷

---

❶王金华,周佳.图说清代女子服饰[M].北京:中国轻工业出版社,2007:183.
❷常沙娜.中国织绣服饰全集:第四卷:历代服饰卷(下)[M].天津:天津人民美术出版社,2004:478.

第三节
多元一体与文化自觉的融合

　　这一时期是从入关以后的清代服饰开始并达到鼎盛，民国时期转型，直至现当代的融合。清代中期以后，满、汉民族风俗的融合越来越深入，它是中华民族历史服装的必然趋势。但是这种融合并不是满族民族服饰的消失，而是在新的历史条件下，民族服饰所表现出的新特点。把民族形成时期的特征作为衡量一个民族在今天是否存在的唯一固定的标准，显然过于僵化。一个民族的文化发展，是在与其他民族的交往互动中，以先祖文化为基础，广泛吸收优秀的他族文化，并经过精心雕琢细选，融入自己的文化体系，这是一个民族在文化互动中的价值取向。费孝通在《论人类学与文化自觉》中说道："我们真要懂得中国文化的特点，并能与西方文化做比较，必须回到历史研究里面去，下大工夫，把上一代学者已有的成就继承下来。切实做到把中国文化里边好的东西提炼出来，应用到现实中去。在和西方世界保持接触，进行交流的过程中，把我们文化中好的东西讲清楚使其变成世界性的东西。首先是本土化，然后是全球化。放眼世界，关注世界大潮流的变化。我们一方面要承认中国文化里面有好的东西，进一步用现代科学的方法研究我们的历史，以完成我们'文化自觉'的使命，努力创造现代的中华文化。另一方面了解和认识这世界上其他人的文化，学会解决处理文化接触的问题，

为全人类的明天做出贡献。"❶

　　满族服饰的发展过程是多元与一体相结合的过程，多元是指满族服饰在其发生、发展的过程中，继承了许多前朝的优秀部分，在交流和融合中形成了具有民族特色的服饰，如清代皇帝龙袍上的龙纹图案（图4-8、图4-9）、佩饰和面料上的八吉祥、暗八仙图案；一体是指满族服饰的一部分如旗袍、马褂（"唐装"）、坎肩已经成为具有代表性的中国服饰之一，它是满族服饰的再生，是具有新的生命力的中华民族服饰的代表。一个民族要想在世界民族之林占有一席之地，最重要的就是保持自己民族的特点，有自己的自尊和尊严。但同时也要吸取外来文化的长处，并与本民族的文化相结合，这样的文化才能立于不败之地，旗袍的民族性和世界性正说明了这一点。

图4-8　清代明黄平金云龙裕龙袍❷[清代小皇帝春秋季穿着，大襟右衽，左右开裾。衣身饰九条金龙、十二章纹样（日、月、星辰、山、龙、华虫、黻、黼、藻、宗彝、火、粉米），间饰五色云、蝙蝠，下摆织海水江崖]

图4-9　清代明黄缂丝金龙十二章龙袍❸

❶费孝通．论人类学与文化自觉 [M]．北京：华夏出版社，2002:197.
❷常沙娜．中国织绣服饰全集：第四卷：历代服饰卷（下）[M]．天津：天津人民美术出版社，2004:351.
❸常沙娜．中国织绣服饰全集：第四卷：历代服饰卷（下）[M]．天津：天津人民美术出版社，2004:348.

第四节
继承与吸收、创新与发展的复兴

在当代，满族服饰文化并没有停止发展，它随着历史的前进和满族的进步，越来越丰富多彩。这一时期主要从20世纪末至今。文化是随着历史的发展而变迁，它的生命力体现在与时代共进的时尚风格和创新意识上。满族服饰在近现代社会的变化正说明，凡是先进的文化都会被社会吸纳并融入时尚的社会文化。

2002年，在APAC会议上，各国国家首脑身穿由满族马褂演变的"唐装"正是说明了民族服饰在与现代接轨过程中可以存在的一种方式。文化的继承性有其鲜明的历史特点，即历史给它留下的文化痕迹，在后来发展的文化中会有体现。就整个封建时代的面貌而言，由于改朝换代、民族交往、生产发展等政治、经济因素的影响，各个阶段也会显示出不同的历史特点；满族服饰继承了先世女真族的服饰，继承了明代及其前代汉族的某些服饰特征，它的继承性是文化发展中的一个重要特点，它是世代相传的一种文化现象，在发展过程中有相对稳定性。它以其合理性赢得广泛的承认，代代相传，不断地被继承下来；服饰本身所具有的传承特征十分鲜明，即使服饰有了某些改变，往往也可以找到这种传承特点所显示的继承与发展的脉络。服饰文化是一定社会、一定时代的产物，每一代人都生长在一个特定的文化环境中，他们自然地从上一代那里继承了传统文化，又一定会根据自己的经验和需要对传统文化加以改造，在传统文化中注入新的内容，抛弃那些不适时的部分。服饰文化既是一份遗产，又是一个连续不断积累、扬弃的过程。在面对人类文化遗产的时候，人们首先想到的就是"保护"，尤其是工艺美术方面。但是，保护并不能改变资源的有限性，因此，问题的根本不在于单纯的"保护"，而在于在保护过程中的"创新"。时尚是时代的风向标，引领着时代的潮流和消费。时尚是服饰发展的趋势之一。创新是服饰发展立于不败之地的精髓。满族服饰之所以能够保存下来，说明它有自己的优越之处。要使民族服饰既不落伍又能长久保持，就必须对服饰有所改革，有所创新，赋予它蓬勃的生命力。传统的图案和工艺运用在现代服饰上，是服饰再生性的体现。在传统的服装上稍加修改，便使民族服装既保持了民族风格，又感觉到简洁、明快、美观，给人一种清新秀丽的感觉，从而顺应了民族服饰的发展趋势。

Chapter 05

第五章　民族服饰文化创意产业发展的机遇、挑战与策略研究

第一节
世界与中国文化产业发展历程

一、世界文化产业发展历程

　　文化产业是 21 世纪的朝阳产业，是各国经济发展的重要增长点，它成为各国综合国力竞争的重要方面，并将日益成为国民经济的支柱性产业。文化产业也可以定义为内容产业或创意产业，按照联合国教科文组织的界定，文化产业是指那些包含创作、生产、销售内容的产业；一般具有知识产权的属性；以产品或服务的形式出现❶。究其原因，文化产业之所以能成为经济增长的重要产业，是因为符合了人类历史发展的规律：在物质生产和生活需要达到一定程度后，人类自然就会追求精神世界的产品，这也是人和动物之间的差别之一。而日益兴起的文化产业正是迎合了人类社会发展到今天精神和文化的增长需求。纵观世界文化产业的发展过程，可以看出：美国是世界文化产业强国，它强调文化产业是以知识产权为核心，向公众提

---

❶熊澄宇.世界文化产业研究 [M].北京:清华大学出版社,2012:1.

供精神产品的生产和服务。美国文化政策的核心是向世界推行美国的价值观念。英国文化产业的平均发展速度是经济增长的两倍，超过了任何一种传统制造业所创造的产值。同时英国政府对于文化产业的管理主要不是依靠行政手段，而是通过政策引导和经济调控达到管理目标，这对于中国刚刚起步的文化产业将起到借鉴和参考作用。法国则是以维护民族文化为目的来发展内容产业（文化产业），法国是以较传统的观念看待文化产业，维护国家形象，保护历史、传统、艺术为目的来发展文化产业的国家代表，法国政府在文化发展方面不太信赖市场的作用，而更相信国家的扶持和庇护，这种文化产业保护的意识和理念与其他国家发展理念有所不同。德国文化产业结构中的亮点是出版业和会展业，这种发展模式带动了文化系统中产业链的发展。澳大利亚是世界上媒体产权最为集中的国家。印度则是采取开放银行融资保护本土文化。韩国和日本则是将内容产业（文化产业）上升到国家战略的高度来发展。世界文化产业的发展态势呈现了不同国家的文化差异和战略思考，同时也启示我们去认识和理解不同文化群体的生存环境、交往方式和社会结构，文化产业发展过程中也是追求美美与共、和而不同境界的过程。世界各国文化产业在发展进程中体现的特点主要有以下几个方面：（1）各国政府逐渐意识到文化产业对经济和文化的重大作用，通过政策制定等形式为文化产业发展确立地位；（2）加大政府投入力度，建立规范化管理模式和体系；（3）鼓励全民参与，并将文化产业和高新技术相结合，做具有符号性的文化特色产业和文化产品。

二、 中国文化产业政策的发展历程

我国的文化产业发展是自 2000 年"十五"规划中第一次使用"文化产业"这个概念开始，2002 年党的十六大报告中提出"积极发展文化事业和文化产业"、2004 年党的十六届四中全会首次出现"文化生产力"概念，2007 年出现了"文化软实力"的概念，2010 年颁布了《关于加强文化产业园区建设管理，促进文化产业健康发展的通知》、2011 年党的十七届六中全会通过了《中共中央关于深化文化体制改革、推动社会主义文化大发展大繁荣若干重大问题的决定》，提出"当今世界正处在大发展大变革大调整时期，文化在综合国力竞争中的地位和作用更加凸显，维护国家文化安全任务更加艰巨，增强国家文化软实力、中华文化国际影响力要求更加紧迫……，文化越来越成为民族凝聚力和创造力的重要源泉、越来越成为综合国力竞争的重要因素、越来越成为经济社会发展的重要支撑，丰富精神文化生活越来越成为我国人民的热切愿望……，推动文化产业成为国民经济支柱性产业"，十七届六中全会在文化发展和建设的重大意义和作用、核心价值观的内涵和实现路径、队伍建设和人才培养、文化创作作品等方面提出了一系列的要求，这是我国首次由党的中央委员会全体会议研究部署文化建设与发展的纲领性文件，是党的十六大以来文化建设认识上的一个重大突破，是文化发展实践上的一个重大创新。2014 年在国务院 10 号文件《国务院关于推进文化创意和设计服务与相关产业融合发展的若干意见》中，从国家层面进一步对文化产业进行了政策支持，2014 年 3 月文化部印发了《贯彻落实国务院关于推进文化创意和设计服务与相关产业融合发展的若干意见的实施意见》，直至 2014 年 8 月 8 日文化部和财政部联合下发了 28 号文件《关于推动特色文化产业发展的指导意见》，尤其是十八大以来，国家制定和颁布了一系列文化产业综合政策：《关于大力支持小微文化企业发展的实施意见》《关于加快构建现代公共文化服务体系的意见》《深入实施国家知识产权战略行动计划（2014—2020 年）》《关于推动国有文化企业把社会效益放在首位实现社会效益和经济效益相统一的指导意见》《关于开展引导城乡居民扩大文化消费试点工作的通知》等，此外还有文化与相关产业融合发展的政策如文化金融方面：《关于金融支持文化产业振兴和发展繁荣的指导意见》《关于深入推进文化金融合作的意见》《关于鼓励和引导民间资本进入文化领域的实施意见》等；文化贸易方面：《关于加快发展服务贸易的若干意见》；文化科技方面：《关于印发进一步鼓励软件产业和集成电路产业发展若干政策的通知》《国家文化科技创新工程纲要》《关于促进云计算创新发展培育信息产业新业态的意见》《关于印发"十三五"国家战略性新兴产业发展规划的通知》《关于推动新闻出版业数字化转型升级的指导意见》；文化旅游方面：《关于促进旅游业改革发展的若干意见》《关于促进文化与旅游结合发展的指导意见》《关于印发"十三五"旅游业发展规划的通知》以及《关于推进文化创意和设计服务设计服务与相关产业融合发展的若干意见》《"互联网＋中华文明"三年行动计划的通知》《关于推动传统出版和新兴出版融合发展的指导意见》《文化产业发展专项资金管理暂行办法的通知》等。同时国家还针对产业园区制定了相关政策：《国家文化产业示范基地管理办法的通知》《国家级文化产业示范园区管理办法（试行）的通知》《关于加强文化产业园区基地管理、促进文化产业健康发展的通知》，在国家政策制定和发展的历程中，中国文化产业发展迎来了绝对的优势环境和有利条件（图5-1）。

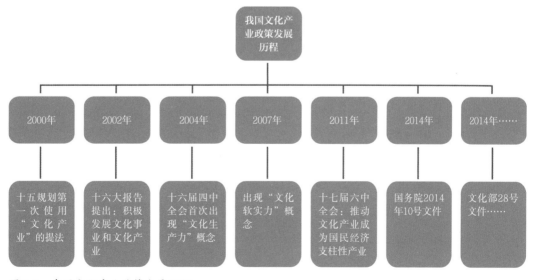

图5-1　我国文化产业政策发展历程

第二节
民族服饰文化创意产业发展面临
的机遇与挑战

一、机遇

文化是民族的血液和灵魂，是国家发展、民族振兴的重要支撑。文化和国家命运荣辱与共、兴衰与共，文化软实力已经成为衡量国家综合竞争力的重要指标。在长期的社会历史发展进程中，中华文化历经沧桑，创造了几千年的文化和文明成果，并不断发扬光大，内涵丰富多彩。中国拥有着5000多年的悠久历史，文化积淀丰富，资源优势突出，科技实力和综合国力不断增强，为文化产业的繁荣和文化贸易的发展提供了巨大的支撑和空间。

中国服饰有着灿烂辉煌的历史，秦汉、魏晋南北朝、隋唐、宋辽金元、明清至民国时期，展示着中国几千年服饰发展的变化。有着悠久历史的中国服饰文化资源是在人类社会发展进程中凝聚的、流传下来的影响后世人的生活习惯、思维方式、价值观和世界观的物质资源和精神资源。隐藏在服饰文化背后的优秀元素和文化资源，是创新设计具有国家和民族符号的文化创意产品的重要来源。少数民族服饰文化在构成和识别民族共同体方面是最为直观、明显的要素之一，充分反映了不同民族的历史文化特点，具有鲜明的个性特征，成为各民族自我认同与民族凝聚力的物化标识，在保持自身特性的基础上共同创造了灿烂的、多元的中华民族服饰文化。中国各少数民族服饰与整个民族文化一样，既具有共性特征，同时又具有显著的民族性、区域性、传统性、融合性和变革性等特征，构成了中华民族文化璀璨夺目、绚丽多彩的画廊。世界和中国已经进入发展文化事业和文化产业阶段，满族服饰文化创意产业正是处在这大好的环境下开始起步发展。满族服饰由于历经渤海国、金、清三朝，服饰特点较之其他民族服饰更有特殊性和典型性，因此满族服饰的文化资源遗产在设计创新文化产品过程中更具有丰富性和多样性。

二、 目前存在的问题

随着历史的发展，我国民族服饰的生存现状令人担忧：一方面，在全球文化的影响下，作为中华民族优秀文化的民族服饰的发展越来越趋同；另一方面，随着现代社会的快速发展，人们对传统民族服饰的发展历史以及服饰本身的人文精神的认识不清楚。因此要想复兴民族服饰在精神面貌上体现的优秀民族品质，应从挖掘民族服饰的优秀元素为切入点，顺应当代多元化时代对服饰的民族呼唤，从深层次去认识、解读少数民族服饰的民族文化内涵及民族精神，真正做到"文化自觉"。同时确立自己的位置与文化坐标，切实把中国服饰文化里面好的东西提炼出来，应用到现实中去，努力创造现代中华民族服饰文化。满族服饰流传下来的旗袍、马褂和坎肩，就是后人在前人的基础上进行发展和创新的典型服装。一个民族要想在世界民族之林占有一席之地，最重要的就是保持自己民族的特点，有自己的尊严，服饰也是如此。

中国文化产业的发展起步较晚，有关民族服饰文化产

业的发展研究、实践应用研究以及打造品牌方面的案例少
之又少，但是关于文化产业的理论研究、各级政府扶持的
文化产业园区以及文化项目的发展已有序展开，成功案例
也为数不少，这些前期的理论和实践成果都值得借鉴和参
考。但是我国的文化产业尤其是民族服饰文化产业尚处在
发展阶段，大多还没有形成系统成熟的发展模式，本研究
也是一种尝试和探索，从挖掘满族服饰文化资源方面入手，
设计创新文化产品，历经三年，设计创意出部分文化产品，
并打入市场。但是在整个项目发展过程中，存在着没有专
业的营销团队、没有政府足够的重视和支持，所以在产品
研发出来后，发展速度较为缓慢。

三、挑战

纵观满族服饰文化发展的历程我们可以看到，文化既
是某个民族的，同时也是世界的。文化有自己的历史，有
历史的继承性，有自身的发展规律，并体现在民族精神上。
同时，文化本身是变的，不可能永远复制上一代的老传统。
文化是流动和扩大的，有变化和创新的特点。在人类进入
21世纪时，世界碰到了更广泛的文化融合问题，不同的文
化碰到了一起。不同的文化如何保留自己的特点同时开拓
与其他文化相处之道，应引起更大范围的关注。费孝通先
生提出的"美美与共""和而不同"应是解决这一问题的
基本原则。虽然我国民族服饰文化产业起步较晚、发展速
度较慢，但是博大精深的传统服饰像滔滔江水，需要我们
去掘取和发现，它将使产品更富有文化、更具内涵。

近些年来，中国的服装设计有了突飞猛进的发展，文
化产业也成为支柱国家经济的重要事项，因此，如何将我
国历史悠久、灿烂文明的优秀文化元素挖掘、保护和创新，
如何在文化创意产业中设计出既保持中国民族特色又与世
界发展趋势相结合的民族优秀作品，实现中华民族的伟大
复兴之梦，是我们都应深思也是迫不及待应做的事情。我
们要将体现在中国民族服饰中的文化和精神实质的内涵挖
掘出来，用一种现代的表现形式将它展现出来，这样的服

饰才能真正代表中国文化精神。大多数民族文化遗产没有今天时代的审美情趣和与时俱进的价值观，本身的文化符号的意义也就消失了。如果想传承，就得进行文化自觉的挖掘，就得对文化遗产进行重新定义和创意，这在文化创意产业发展中是重中之重。它的成长需要一个过程，不能急功近利，更不能把它当作政绩工程、形象工程来抓。文化创意产品须赋有时代感和震撼力，须赋有民族性和多元性，这些对于民族服饰文化产业的发展将是极大的挑战。

第三节
满族服饰文化创意产业案例及发展策略研究

一、满族服饰文化资源的挖掘、整理与保护

文化资源是人类社会文化、经济、政治活动的基本精神要素和文明动力资源。换句话说文化资源是一个民族、一个国家或是一个地区在历史发展进程中凝聚的、流传下来的影响后世人的生活习惯、思维方式、价值观和世界观的物质资源和精神资源。文化资源的选择和使用不是一成不变，只有在市场机制引领下，充分整合各种资源，继承和创新并举，才能促进文化产业、文化事业的繁荣发展。其中，人才、创意、资本、环境、知识产权创新与保护、商业模式、产业链、市场化与专业化、政府导向、品牌建设等方面都属于核心要素。

笔者自 2000 年开始从事满族服饰研究，在 20 年的田野调查和文献研究中，走遍了 13 个满族自治县的满族聚居区、拜访了数十位满族同胞以及收藏满族服饰的人士，参观了百余所各级各类相关博物馆，看到了深深隐藏在民

间、宫廷中的满族服饰文化资源遗产。尤其在民间百姓的老柜子里，翻腾出姥姥、母亲、婆婆留下的具有百年历史精美的枕头顶、亲手缝制的满族长袍、精致的荷包、褡裢以及绣花鞋，都是弥足珍贵的文化遗产资源，为此撰写出版了《满族服饰文化研究》一书（图5-2）。为了将散落在民间的满族服饰文化资源有效保护起来，笔者在博士毕业后回到原来单位（辽宁丹东辽东学院）筹建了满族服饰博物馆，收藏文物千余件（图5-3、图5-4）。博物馆虽然只有400平方米，但是陈列和展示了来自满族民间的服装与佩饰百余件，这是国内首家成立的满族服饰博物馆。开馆五年来，接待来自全国各地的专家、学者、各级领导、学生及满族文化热爱者近万人，得到了各界的认可。今天，在大连工业大学（笔者现在的工作单位）校园内，已有一座5000平方米的大连服装博物馆拔地而起。通过筹建专题博物馆的形式，将满族服饰文化资源保护起来；通过出版图书的形式，记录留存满族服饰文化（图5-5、图5-6）；对于更好地研究满族服饰以及挖掘其优秀元素和创新设计文化创意产品将是一条非常好的渠道和路径。

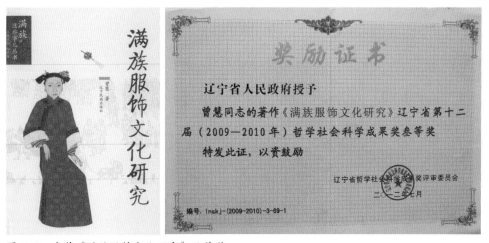

图5-2 专著《满族服饰文化研究》及获奖

图 5-3　柞蚕丝绸与满族服饰博物馆（辽宁丹东辽东学院）1

图 5-4　柞蚕丝绸与满族服饰博物馆（辽宁丹东辽东学院）2

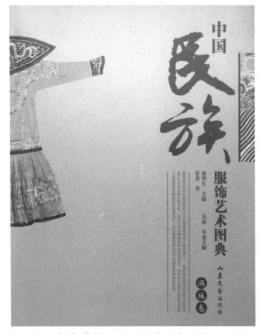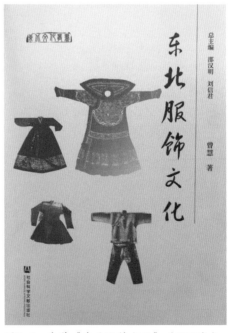

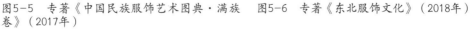

图5-5　专著《中国民族服饰艺术图典·满族　图5-6　专著《东北服饰文化》（2018年）
卷》（2017年）

二、满族服饰文化创意产品的研发与推广案例

在满族服饰多年的社会实践及田野调查基础上，笔者带领设计团队，对挖掘、整理出来的满族服饰优秀元素进行了整合和创新，开发了系列文化产品，主要有三个方面：

一是对满族传统民间服饰进行了复制还原设计，目前这部分的需求还是很有市场前景，消费者主要是以满族人为主体（图5-7~图5-9）。对传统满族服饰复制的根本是要把握住满族服饰的精华部分，如传统经典的色彩、真丝、香云纱的面料、与传统相似的图案、传统的服装造型、简化了的工艺，并且采用高级定制的方式来进行。

图5-7　身着量身定制的满族传统服饰的满族人

图5-8　满族颁金节上身穿满族服饰的满族人

图 5-9　设计制作的满族传统服饰

　　二是根据满族服装与佩饰的部分元素进行创新性设计
（图 5-10~图 5-23）。2012 年笔者研制开发、设计了系列
产品——"服满天下"满族服饰工艺品系列，该系列产品
在首次参加 2013 年中国丹东国际工艺美术品和旅游商品博
览会上得到了消费者的认可和欢迎（图 5-24~图 5-29），
部分产品一度脱销。截止至今，该产品获得省、市、高校
各类奖项 6 项，取得了意想不到的成果。

图 5-10　带领学生研发满族服饰文创产品

图 5-11　制作样品

图 5-12　与包装印刷老板谈产品的外观造型
设计

图 5-13　选择面料

图 5-14 服满天下满族服饰工艺品logo

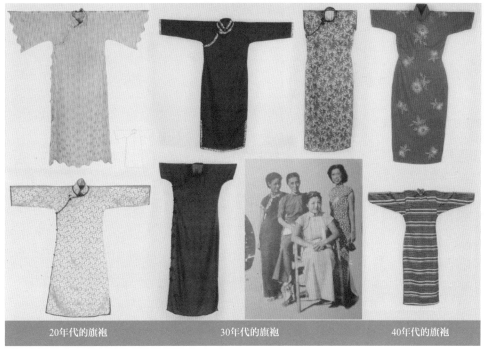

20年代的旗袍   30年代的旗袍   40年代的旗袍

图 5-15 旗袍系列设计元素灵感来源

图 5-16 最初的简包装

图 5-17　包装设计后的旗袍系列

图 5-18　满族服饰工艺品和省级证书

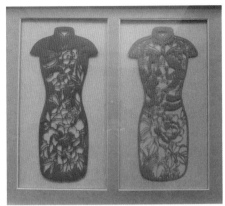

图 5-19　"服满天下"旗袍与剪纸结合系列产品

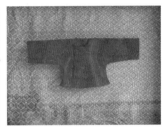

图 5-20　马褂系列

图 5-21　满族坎肩

图 5-22　满族香囊

图 5-23　车载香囊

图 5-24　2013年中国·国际工艺美术品和旅游商品展览会（辽宁丹东）

图 5-25　购买产品的消费者1

图 5-26　购买产品的消费者2

图 5-27　购买产品的消费者3

图 5-28　辽宁省旅游局副局长应中元　　图 5-29　与丹东市旅游局和丹东市贸易促进
现场指导　　　　　　　　　　　　　　　　会领导交流

三是创建了线上销售渠道和实体店（图5-30~图5-34）。2014 年 11 月 26 日，笔者在淘宝网上申请了"服满天下"的宝贝店。2014 年受大连黑石礁食尚广场窄巷物语董事长邀请，我们的产品进驻商场，在那里服满天下有了自己的实体店。通过实践经历，笔者看到在当下中国，民众对传统文化的认知程度和接受程度很有潜力，关键是如何将这种潜力转化成市场竞争力和消费力，如何将产品打造成知名品牌，如何从人类学民族学文化学的角度出发，探究文化创意产品及其产业在当下社会可以长久生存的路径，为政府和市场提供理论支撑，这些都是我们在文化创意产业发展方面既要面对又要解决的问题。2018 年我们在微信上注册了曾博士工作室公众号，通过网络推动文化产业及其产品的影响力。

曾博士服饰文化工作室

曾博士服饰文化工作室致力于中国民族服饰文化的挖掘与保护以及中国服饰史论的研究，在推崇经典著作、学术文章、田野调查的基础上，研发、制作融入少数民族服饰文化元素的创意作品，以此为载体，弘扬传承中华民族服饰文化遗产，为实现中国梦尽我们的微薄之力！

图5-30　微信上注册的公众号

图 5-31　服满天下淘宝网店

图 5-32　落户于大连黑石礁食尚广场窄巷物语

图 5-33　店铺位置

图 5-34　与田董事长进行交流

2018年9月，百余件文创作品参加了2018中国（大连）国际服装纺织品博览会，商务部副部长王炳南以及省市各级领导到场参观、指导，并与师生交流。参展作品获得了业界人士及观众的认可与肯定（图5-35~图5-39）。

图5-35 文创作品参加2018中国（大连）国际服装纺织品博览会、商务部、省市各级领导参观指导

图5-36 中国纺织教育学会会长参观指导

图5-37 曾博士工作室主创成员

图5-38 团队成员与校企合作企业人士合影

图5-39 国际友人参观、购买文创产品

三、满族服饰文化创意产业的发展策略研究

满族服饰文化创意产业发展的总体思路是以挖掘、保护、研究与弘扬满族服饰优秀元素为重点，提高满族服饰文化地位和文化影响力，增强象征性和符号性的国际竞争力。提高设计创意水平，培养文化设计创意人才，拥有自主知识产权，创造民族特色品牌。引导政府重视，加大投入；同时和高新科技融合，与高校及科研院所合作，加大研发力量。

在这几年的挖掘、保护、研发、设计满族服饰文化创意产品过程中，笔者认为应建立和形成文化产业的五环发展模式（图5-40）：即政府制定政策指导、引领、搭建平台；学者进行学术性挖掘；民间艺人及非遗传承人保护；百姓加强对传统文化的学习、教育和自觉意识以及企业家、投资者的融入，最终五个方面共同交流与合作，形成良性循环圈，打造高视野、高品位、高品质的三高文化产品，形成具有娱乐性、体验性、参与性和民族性的文化创意产业。前文中将满族服饰文化产业发展的框架搭建起来，旨在更能清晰地为满族服饰文化产业在政府决策和支持、产业投入和管理、学者的研究成果转化、大众的参与度等方面进行架构。

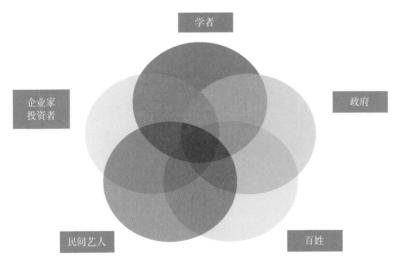

图5-40 "五环"发展战略模式

1.学者

在满族服饰文化创意产业发展过程中，笔者认为学者在其中的作用是重中之重。文化是一个民族全部活动及其成果的历史积淀，它影响着国民对社会现象的根本态度及自身社会行为的价值取向，影响人们的生产、生活、交往等活动和方式，影响着人们的精神世界和行为方式。文化作为维系一个国家和民族的精神纽带，与国家和民族的前途和命运休戚相关，是一个民族的灵魂，是一个民族、一个国家骨子里的自豪，是一种具有文化标签的产品。文化的力量深深熔铸在民族的生命力、创造力和凝聚力之中。当今世界，文化已经成为综合国力的重要组成部分。文化自觉是一种正确、健康的文化观，它包括对自身文化的"自知之明"意识、对传统文化的"批判继承"意识、对外来文化的"博采众长"意识和对未来文化的"创新创意"意识。满族服饰文化创意产业和文创产品的研发首先需要学者们摸清家底、找准优势和劣势，也就是在现有文献、调查的基础上，将隐藏在满族服饰背后的文化内涵和实质进行最大限度地挖掘和整合，并对其进行"文化自觉"的剖析和研究；打造满族服饰文化创意产业和文创产品应以富有中国特色和民族特色的满族文化资源为依托，产品不仅具有文化性，更应在商品性上下功夫，否则很难在社会市场中进行推广和传播。文化产品是做中国人的品位、品质和情感，既要把个人品位表达出来，又要找到能够让对方接受的路径。而在挖掘、保护、整理文化遗产的过程中，学者将起到至关重要的作用。在发展文化产业核心要素中，人才是第一资源，人是根本。尤其是专业人才，即创新者和创造者，没有专业人才对文化资源深入的探究，就不能将埋藏在服饰文化背后的优秀元素整合出来，就不能总结、提炼出具有代表性的符号元素，也就意味着产业将无法进行开发，或者即使开发出来的产品也没有足够的竞争力。在对我国传统文化进行创造性转化的过程当中，五千年中国作为泱泱大国的自信和自豪，应该让他延续下来，重塑自信，找回属于我们自己的自信和自豪。发展自己的优势和绝活，即核心竞争力，要有自己在内容上的绝活儿，也就是要有自己独特的创新，让别人无法取代，以与他人进行市场区隔，这些都需要学者的力量：一方面学者对于文化遗产的研究是从理论层面展开，具备一定的科学性、严谨性、全面性和逻辑性；另一方面有了学者理论高度的研究成果，将对文化产业的文化创新发展起到引领作用。

2.政府

纵观国内外文化产业发展进程中，凡是成功案例里都不可缺少政府这个角色。尤其是在中国，政府在其中充当着不可或缺的角色。满族服饰文化创意产业发展需要政府的引领和支持。一是建立满族服饰产业集群，打造区域品牌效应。在满族聚居地丹东、抚顺、沈阳、吉林等地建立满族服饰文化产业区，打造一批有基础、初具规模的满族服饰特色的经济区域；二是精心打造满族服饰文化品牌项目，包括服饰的复制生产、旅游产品的生产以及工艺品的生产。衡量文化产业的实力，不仅要看文化产品的数量，更要看文化产品的质量。据统计，目前我国服饰文化产品中，属于重复、模仿、复制的比重约占90%。所以，推动文化产业跨越式发展，成为国民经济支柱性产业，不能仅限于提高其占GDP的比重，还要转变文化产业发展方式，提高文化产品质量。三是建立满族服饰文化创意产业园区，要从文化的凝聚力、创新力和带动力去看园区的建构，包括整体规划，不仅仅看它的产业带动度，还要看它的凝聚力、创新力、影响力和传播力。

3.企业家、投资者

满族服饰具有悠久的历史传统，但是我们不能捧着老祖宗留下的文化遗产坐吃山空。在经济上崛起的民族不是一个真正强大的民族，中国崛起需要民族精神的重建。民族服饰文化产业的可持续发展，离不开有序的产业链和成熟的商业模式。这就需要有热情、有实力的投资商和企业家介入，按照市场发展规律，系统构筑民族服饰文化产业链，为产品或项目进行准确定位，围绕龙头项目打造产业链；探寻切实可行的商业模式，整合发展、合作共赢，最终形成强有力的产业集群。目前满族服饰的生产、制作大多是家庭作坊式的模式，向外延伸的力量薄弱，因此应成立一个整合优势资源的机构，将各地区的散户以松散式的方式组织起来，逐步形成资源最优化配置、产业链的最优化整合。在一个产业里面，产品的种类越不同，产品的多元化竞争力就越能够提高。把整个服饰文化创意产业结合在一起，不但有同质化，更有差异化。成立一个平台公司，分工进行生产，在沈阳做宫廷服饰、在长春做民间服饰、在吉林则手工制作高档旗袍，在北京做时尚服装等，各有特点，各取所需。同时可将多种形式的传统文化工艺如满族剪纸、传统工艺等艺术形式组合应用，研制出具有中国文化和精神实质的民族产品，同时可与部分企业进行合作，将其产品借助企业现有运营机制，将服饰文化产品推向市场。

4.民间艺人

民间艺人和非物质文化遗产传承人是植根于中国大地上的文化守护者，他们拥有丰富的实践经验和满腔的民族情结。充分发挥他们的作用和价值，是文化创意产业和研发文化创意产品的根基。我国目前在这方面已经开展了多项工作，取得了较好的效果，但是距离我们成为文化大国和强国，还有很长的路要走。

5.百姓

百姓是一个国家和民族兴衰存亡最大也是最重要的群体。要想文化立国、文化强国，应先将百姓的文化意识培养起来，因为文化带动的是经济，然后是持续的购买力。各国在发展文化产业和文化产品的时候，都会通过文化产品抢先占领人的价值观和消费观，笔者建议：（1）对于成年人，应将周围的环境打造成具有民族特色、中国特色、地方特色的风格，耳濡目染民族服饰文化的魅力，并通过各种宣传渠道，进行民族传统文化的教育和普及；（2）对于未成年人应该从小抓起，让孩子们从小在中国传统文化的教育和熏陶下成长，长大了自然就喜欢具有传统文化元素的产品了。当代中国人处在价值观的十字路口上，要用中国人的视觉系统和听觉系统，有中国人的自豪感，自豪以后才会自信，自信以后才会去创造。

参考文献
REFERENCES

[1] C. 恩伯, M. 恩伯. 文化的变异：现代文化人类学通论 [M]. 杜杉杉, 译. 沈阳：辽宁人民出版社, 1988.

[2] 阿桂, 于敏中, 等. 钦定满洲源流考：二十卷 [M]. 清乾隆四十三年内府刻本.

[3] 阿桂, 等. 八旬万寿盛典 [M]. 北京：学苑出版社, 2004.

[4] 安妮·霍兰德. 性别与服饰 [M]. 魏如明, 译. 北京：东方出版社, 2000.

[5] 包铭新, 赵丰. 中国织绣鉴赏与收藏 [M]. 上海：上海书店出版社, 1997.

[6] 包铭新. 近代中国女装实录 [M]. 上海：东华大学出版社, 2004.

[7] 包铭新. 中国染指服饰史文献导读 [M]. 上海：东华大学出版社, 2006.

[8] 包泉万. 中国民间荷包 [M]. 天津：百花文艺出版社. 2005.

[9] 陈少峰. 文化产业商业模式 [M]. 北京：北京大学出版社：2011.

[10] 陈高华, 徐吉军. 中国服饰通史 [M]. 宁波：宁波出版社, 2002.

[11] 陈寿. 三国志·魏书 [M]. 裴松之, 注. 北京：中华书局, 1959.

[12] 崔大寿. 陪比尔·卡丹先生看京剧 [N]. 北京晚报, 1994-11-8.

[13] 戴平. 中国民族服饰文化研究 [M]. 上海：上海人民出版社, 2000.

[14] 丹珠昂奔. 少数民族对祖国文化的贡献 [M]. 北京：中央民族大学出版社, 2012.

[15] 东北发掘团. 吉林西团山石棺墓发掘报告 [J]. 考古学报. 1964(1):29-49,140-149.

[16] 董雪丹, 刘莉, 马大力. 中国服装民族化的理论探索 [J]. 天津工业大学学报, 2003(6):82-84.

[17] 段梅. 东方霓裳：解读中国少数民族服饰 [M]. 北京：民族出版社, 2004.

[18] 恩斯特·卡西尔. 人论 [M]. 上海：上海译文出版社, 1985.

[19] 范晔 . 后汉书 [M]. 李贤 , 等 . 注 . 北京 : 中华书局 ,1974.

[20] 房玄龄 . 晋书 [M]. 北京 : 中华书局 ,1974.

[21] 费孝通 . 论人类学与文化自觉 [M]. 北京 : 华夏出版社 ,2004.

[22] 费孝通 . 中华民族多元一体格局 [M]. 北京 : 中央民族大学出版社 ,1999.

[23] 费孝通 . 文化与文化自觉 [M]. 北京 : 群言出版社 ,2010.

[24] 冯林英 . 清代宫廷服饰 [M]. 北京 : 朝华出版社 ,2000.

[25] 高春明 . 中国服饰名物考 [M]. 上海 : 上海文化出版社 ,2001.

[26] 故宫博物院 . 故宫珍本丛刊第 309 册 : 钦定内务府则例二种第四册 [M].
海口 : 海南出版社 ,2000.

[27] 胡惠林 . 我国文化产业发展战略理论文献研究综述 [M]. 上海 : 上海人民
出版社 ,2010.

[28] 胡晓明 , 殷亚丽 . 文化产业案例 [M]. 广州 : 中山大学出版社 ,2011.

[29] 格罗塞 . 艺术的起源 [M]. 北京 : 商务印书馆 ,1987.

[30] 郭绍明 , 周丽娅 . 时尚服装 [M]. 湖北美术出版社 .2002.

[31] "国立"故宫博物院编辑委员会 . 清代服饰展览图录 [M]. 台北 : "国立"
故宫博物院 ,1986.

[32] 胡铭 , 秦青 . 民国社会风情图录 : 服饰卷 [M]. 南京 : 江苏古籍出版社 ,2000.

[33] 华梅 . 中国服装史 [M].2 版 . 天津 : 天津人民美术出版社 ,1999.

[34] 怀特 . 文化科学 [M]. 曹锦清 , 等 , 译 . 杭州 : 浙江人民出版社 ,1988.

[35] 黄能馥 , 陈娟娟 . 中国服装史 [M]. 北京 : 中国旅游出版社 ,1995.

[36] 黄淑娉 , 龚佩华 . 文化人类学理论方法研究 [M]. 广州 : 广东高等教育出
版社 ,2004.

[37] 金易 . 宫女谈往录 [M]. 北京 : 紫禁城出版社 ,2001.

[38] 金毓黻 . 东北通史 [M]. 北京 : 五十年代出版社 ,1981.

[39] 李心传 . 建炎以来系年要录 [M]. 北京 : 中华书局 ,2013.

[40] 李燕光 , 关捷 . 满族通史 [M].2 版 . 沈阳 : 辽宁民族出版社 ,2003.

[41] 李筱文 . 广东少数民族服饰文化 [M]. 北京 : 中国戏剧出版社 ,2004.

[42] 林基中 . 燕行录全集 : 第八册 [M]. 特别市 : 韩国东国大学校出版社 ,2001.

[43] 刘小萌 , 定宜庄 . 萨满教与东北民族 [M]. 长春 : 吉林教育出版社 .1990.

[44] 刘昫 . 旧唐书 [M]. 北京 : 中华书局 ,1975.

[45] 刘永华 . 中国古代军戎服饰 [M]. 上海 : 上海古籍出版社 ,2003.

[46] 《满族简史》编写组 . 满族简史 [M]. 北京 : 中华书局 ,1974.

[47] 玛里琳·霍恩 . 服饰 : 人的第二皮肤 [M]. 乐竟泓 , 杨治良 , 等 , 译 . 卜文 ,
校 . 上海 : 上海人民出版社 ,1991.

[48] 孟慧英 . 中国北方民族萨满教 [M]. 北京 : 社会文献出版社 ,2000.

[49] 孟慧英 . 西方民俗学史 [M]. 北京 : 中国社会科学出版社 ,2006.

[50] 孟慧英 . 满族民间文化论集 [M]. 长春 : 吉林人民出版社 ,1990.

[51] 欧阳修 , 宋祁 . 新唐书 [M]. 北京 : 中华书局 ,1986.

[52] 鄱阳 , 洪皓 . 松漠纪闻续卷 .

[53] 普列汉诺夫著 . 普列汉诺夫哲学著作选集 [M]. 曹保华 , 译 . 北京 : 生活·
读书·新知三联书店 ,1984.

[54] 清会典事例·光绪朝 [M]. 北京 : 中华书局影印本 ,1993.

[55] 清实录二太宗文皇帝实录 [M]. 北京 : 中华书局影印本 ,1985.

[56] 清实录三世祖章皇帝实录 [M]. 北京 : 中华书局影印本 ,1985.

[57] 清实录世祖实录 [M]. 北京 : 中华书局影印本 ,1985.

[58] 清实录一满洲实录 [M]. 北京 : 中华书局影印本 ,1986.

[59] 祁述裕 . 中国文化产业发展前沿——"十二五展望"[M]. 北京 : 社会科
学文献出版社 ,2011.

[60] 任继愈 . 民族文化的形成和特点 : 中国文化 [M]. 上海 : 复旦大学出版
社 ,1985.

[61] 山西省考古研究所 . 平阳金墓砖雕 [M]. 太原 : 山西人民出版社 ,1996.

[62] 上海市戏曲学校中国服装史研究组 . 中国历代服饰 [M]. 上海 : 学林出版
社 ,1984.

[63] 邵汉明 . 中国文化研究二十年 [M]. 北京 : 人民出版社 ,2003.

[64] 沈嘉蔚 . 莫理循眼里的近代中国 [M]. 福州 : 福建教育出版 ,2005.

[65] 司马迁 . 史记 [M]. 北京 : 中华书局 ,1959.

[66] 田自秉，吴淑生，田青．中国纹样史 [M]．北京：高等教育出版社，2003.

[67] 铁玉钦．清实录教育科学文化史料辑要 [M]．沈阳：辽沈书社，1991.

[68] 王金华，周佳．图说清代女子服饰 [M]．北京：中国轻工业出版社，2007.

[69] 托津．钦定大清会典图·嘉庆朝 [M]．中国台北：文海出版社影印本，1991.

[70] 脱脱．金史 [M]．北京：中华书局，1975.

[71] 脱脱．辽史 [M]．北京：中华书局，1974.

[72] 王肯，隋书金．东北文化史 [M]．沈阳：春风文艺出版社，1992.

[73] 王受之．世界时装史 [M]．北京：中国青年出版社，2002.

[74] 王继平．服饰文化学 [M]．武汉：华中理工大学出版社，1998.

[75] 王宇清．旗袍里的思想史 [M]．北京：中国青年出版社，2003.

[76] 王元祁，宋骏业，等．万寿盛典图 [M]．北京：学苑出版社，2001.

[77] 王云英．清代满族服饰 [M]．沈阳：辽宁民族出版社，1985.

[78] 王智敏．龙袍 [M]．中国台北：台湾艺术图书公司，1994.

[79] 王钟翰．中国民族史 [M]．北京：中国社会科学出版社，1994.

[80] 魏收．魏书 [M]．北京：中华书局，1974.

[81] 魏征．隋书 [M]．北京：中华书局，1973.

[82] 文康．儿女英雄传 [M]．北京：北京十月文艺出版社，1995.

[83] 河南省博物馆，焦作市博物馆．河南焦作金墓发掘简报 [J]．文物，1979(8)：18–19.

[84] 向勇，赵佳琛．文化立国——我国文化发展新战略 [M]．北京：北京联合出版公司，2012.

[85] 熊澄宇．世界文化产业研究 [M]．北京：清华大学出版社，2012.

[86] 徐珂．清稗类钞第 13 册 [M]．北京：中华书局，1986.

[87] 徐梦莘．三朝北盟会编 [M]．明抄本．

[88] 徐万邦．中国少数民族工艺 [M]．北京：中国画报出版社，2004.

[89] 徐清泉．中国服饰艺术论 [M]．太原：山西教育出版社，2001.

[90] 俞兵．清末兵阵衣制图录 [M]．北京：学苑出版社，2005.

[91] 宇文懋昭．大金国志 [M]．明抄本胶片版．

[92] 袁仄，蒋玉秋．民间服饰 [M]．石家庄：河北少年儿童出版社，2007.

[93] 叶启绩．全面建设小康社会的文化自觉 [M]．中山大学出版社，2008.

[94] 孙进己．东北民族源流 [M]．哈尔滨：黑龙江人民出版社，1987.

[95] 张佳生．中国满族通史 [M]．沈阳：辽宁民族出版社，2005.

[96] 张琼．清代宫廷服饰 [M]．上海：上海科学技术出版社，香港：商务印书馆，2006.

[97] 赵尔巽 . 清史稿 [M]. 北京 : 中华书局 ,1976.

[98] 政协丰宁满族自治县文史资料研究委员会 , 丰宁满族自治县民族文史资料研究会 . 丰宁满族史料 [G]. 承德 : 丰宁满族自治县文史资料研究会 ,1986.

[99] 曾慧 . 满族服饰文化研究 [M]. 沈阳 : 辽宁民族出版社 ,2010.

[100] 曾慧 . 中国民族服饰艺术图典 : 满族卷 [M]. 济南 : 山东文艺出版社 ,2017.

[101] 曾慧 . 东北服饰文化 [M]. 北京 : 社会科学文献出版社 ,2018.

[102] 中国第一历史档案馆 , 中国社会科学院历史研究所 . 满文老档 [M]. 北京 : 中华书局 ,1990.

[103] 中国第一历史档案馆 . 清代档案史料丛编第五辑 : 咸丰四年穿戴档 [M]. 北京 : 中国书局 ,1990.

[104] 中国共产党第十七次全国代表大会文件汇编 [M]. 北京 : 人民出版社 ,2007.

[105] 王永强 . 中国少数民族文化史图典 : 东北卷 [M]. 南宁 : 广西教育出版社 ,1999.

[106] 周锡保 . 中国古代服饰史 [M]. 北京 : 中国戏剧出版社 ,1984.

[107] 朱诚如 . 清史图典 : 第一——第八册 [M]. 北京 : 紫禁城出版社 ,2002.

[108] 紫禁城出版社 . 皇室旧影 [M]. 北京 : 紫禁城出版社 ,1998.

[109] 宗凤英 . 清代宫廷服饰 [M]. 北京 : 紫禁城出版社 ,2002.

后记
POSTSCRIPT

　　这部专著是在博士后出站报告基础上修改而成，直至今日出版，时隔已有 5 年。翻看当年出站报告中的后记，过往情景历历在目。遂将此后记作为这部专著的后记，以此纪念曾经经历的点点滴滴！

　　人们常说："是你的，跑也跑不掉；不是你的，骑着白龙马也追不上。"谈起博士后的经历，那是一种缘。2010 年 6 月，一切准备就绪：提交申请，准备各种材料，就等着博士后的最终面试。谁曾想，一场突如其来的液化气爆炸事件，使我身体左侧从面部、胳膊、手背到脚背的皮肤顺势化作难以忍受的疼痛，那时不知伤势最终会形成怎样的结果，不思饮食，胡思乱想……至此把我推向了人生低谷。就在此后 10 天，申请的博士后流动站——中国社会科学院民族学与人类学研究所的老师通知我去面试，满脸缠着纱布的我，哭诉着向导师孟慧英先生询问怎么办？孟老师对我说："你亲自来面试，申请成功的可能性很大；如果不来，我可以把你的情况和相关材料介绍给评审专家，但是成功的机会谁也不好说，你自己决定吧。"在征求主治医生意见时，他说：北京的天气太热，一旦感染，便会留下疤痕（之前他跟我说过我的伤不会让脸上留疤的）。经过再三考虑，最终我还是放弃了那年的面试机会。我对爱人说，我和它没缘分，就此放下。2011年，申请博士后的时间又来临了，在与孟老师通话想聊其他事情的时候，电话接通的那一头，孟老师第一句就问：今年要申请博士后吗？电话这端的我，足足停顿了许久……难以割舍的博士后情怀，在那一瞬间被重新燃起。岁月不饶人，这一年我已步入不惑之年，这一年也是我申请博士后的最后一次机会，这一年我如愿以偿。

三年的博士后经历，收获颇多，受益匪浅。

2012年的大年初三，零下30摄氏度，发着高烧的孟慧英老师带着我们一行8人来到吉林，分成三组，深入三个满族家族做关于龙年亮谱祭祖仪式的田野调查。导师孟慧英先生严谨做学问的态度、对待事业怀揣责任的敬业精神、丰富的田野调查经验、对困难学生慷慨相助、对已毕业学生无微不至关怀的母爱之情，让我深深佩服和感动。孟老师知道我在萨满教研究方面的学术功底不如其他学生，便总是循序渐进地给我一些必读书目、该怎样深入做研究的建议；在一次博士后学术研讨会上，孟老师看到我对民族服饰文化产业很感兴趣并有了一定研究成果，毅然支持我更换了报告题目；当得知我换了工作单位后，孟老师一再叮嘱我要为单位多想事，多做事；孟老师知道我爱美，每每去见她，都会给我准备一些饰品送给我，我将它们视作我的护身符戴在身上，就像时时和导师在一起，感受到她无微不至的关爱。

难忘我和孟老师在乡下做调查时共睡一铺大炕的情景；难忘那年的正月十五师徒三人坐在农村炕上共打吊瓶的情景；难忘为了赶火车领着孟老师背着大包小包在站台上奔跑的情景；师恩难忘，只有以自己毕生的精力和心血做自己力所能及的事情回报导师、回报社会。

三年的时间转瞬即逝，但这三年使我在学海无涯中更加深深体会到了甜蜜，让我对人生、对问题、对事件、对学术的追求高度和认识有所提升。一路走来，得到了各位老师、专家、新老朋友、同事、同学以及亲人们太多的支持和帮助，此生铭记心中，在此一并表示感谢。

　　在这里，尤其要感谢生我养我育我的父亲母亲、博士导师徐万邦先生和师母、我的爱人和儿子，是他们始终坚持在困难时支持我、得意忘形时提醒我；与我一起分享我的快乐和收获、分担我的痛苦和困惑。

　　一个人，一辈子，做自己喜欢的，并把它融入人民的事业，是人生最幸福的事情。用仓央嘉措的诗表达我的心声：我放下过天地、放下过万物，却从未放下过你——我钟爱的事业。

曾　慧

2014 年 11 月 11 日

于大连工业大学 玉山脚下

内 容 提 要

　　本书是在收集大量历史文献资料、进行广泛田野调查以及对文化产业理论与应用设计实践、研究的基础上，将满族服饰作为研究对象，深入挖掘满族服饰的典型元素，探究民族服饰中所蕴藏的中国文化精神，力图将传承下来的元素作为满族服饰文化创意产品设计灵感来源，研究满族服饰文化创意产业的发展以及民族传统服饰文化与当代时尚融合的有效途径，以期人们在文化产业及文化创意产品中体会、领悟、热爱及传承中国几千年来的优秀服饰文化，为中国成为文化强国做出贡献。本书可作为服饰文化专业师生、文化创意研究者的参考用书。

图书在版编目（CIP）数据

满族服饰发展传承与文化创意产业研究 / 曾慧著
. -- 北京：中国纺织出版社有限公司，2020.12
　　（设计学系列成果专著 / 任文东主编）
　　ISBN　978-7-5180-8069-4

　　Ⅰ . ①满…　Ⅱ . ①曾…　Ⅲ . ①满族 - 民族服饰 - 服饰文化 - 研究 - 中国　Ⅳ . ① TS941.742.821

中国版本图书馆 CIP 数据核字（2020）第 209134 号

策划编辑：苗　苗　　责任编辑：金　昊
责任校对：寇晨晨　　责任印制：王艳丽

中国纺织出版社有限公司出版发行
地址：北京市朝阳区百子湾东里 A407 号楼　邮政编码：100124
销售电话：010—67004422　传真：010—87155801
http://www.c-textilep.com
中国纺织出版社天猫旗舰店
官方微博 http://weibo.com/2119887771
北京华联印刷有限公司印刷　各地新华书店经销
2020 年 12 月第 1 版第 1 次印刷
开本：787×1092　1/16　印张：12
字数：150 千字　定价：98.00 元